Ⓢ新潮新書

白井裕子
*SHIRAI Yuko*

# 森林で日本は蘇る

## 林業の瓦解を食い止めよ



909

新潮社

# 森林で日本は蘇る

林業の瓦解を食い止めよ——目次

# はじめに

海外では林業は一産業であり、国によっては国家を支える一つの基幹産業でもあります。筆者は海外で国家高官、地方行政官、専門家、技術者、研究者に会い、現場へ行き、そして彼らの話を聞き、議論します。そこで外から日本を振り返り、立ち止まって考えると、日本のおかしさが見えて来ます。そのおかしさは業界や古い慣習から距離を置き、ごく普通の常識の心で眺めれば、分かることばかりです。どれも「素朴な疑問」に始まります。

そして最近、この「素朴な疑問」を、霞が関の官僚とも共有できることがわかってきました。

ある高官が「位置エネルギーが変わらないから、自分の運動エネルギーも上がらない」と呟いていました。つまり自分を取り巻く環境が変わらない、変えられないから、自分は変えたくても、変えられない、自分の意志や考えで動くことができないということとでしょう。周りにはなるべく何も変えたくない人もいるのです。個人では変だ、なんとかしたいと思っていても、それだけでは難しいのです。

本書は2009年に前著『森林の崩壊』を出して以来、公の場で話してきたこと、内閣府の規制改革推進会議（2017年～2019年）で発言したこと、また論文に発表してきたことを織り交ぜ、2009年以来、どのようなことが起こったのか、皆様に分かりやすく、お伝えしようと書いたものです。規制改革の議事録も公開されていましたので、広く共有された内容もあるでしょう。しかし、ここで本の形にして世に送り出そうと思います。

今回は伝統木造建築の話から始めます。「規制改革推進に関する第3次答申（2018年6月）」に、林業の改革と共に「伝統構法木造建築物に関する規制の見直し」が入りました。伝統木造は、建築の技能や文化において重要な意味を持つだけでなく、日本の林業や製材業、そして地域社会にとっても重要なのです。

林業については第3章からで、ここからでも読み始められる内容です。

社会の仕組みとは、人知れず作られ、どこからか降ってきたものではなく、そもそも我々自身が作ったものです。現在抱える問題の多くは、制度疲労によるものです。今を生きる我々自身が考え、時代に合わせて変えていけるはずです。過去を批判するのではなく、今、合っていないのなら、間違った方向に進んでしまったのなら、変えていかなければなりません。それは人に向かう問題ではなく、制度や計画、事業の課題であり、変えていけるはずなのです。

これまで多くの出会いに恵まれてきました。こうして研究をし、技術開発を続けられるのも、現場で出会った方々の言葉や思いが、絶えず心に残っているからです。我々の山林を、建築を、そして地域社会を守り続けて下さっている方々に、心から尊敬と感謝の気持ちを込めて、この本も書いて参りたいと思います。

# 第1章　日本の建築基準法には自国の伝統木造は存在しない

## 昔から海外で評価の高い日本の伝統木造と技能

アメリカ西海岸シアトル。この街を歩いていると、あまり外国に来ている気がしない。シアトルにあるスターバックス1号店は、外も中も日本と変わらない。スタバではないコーヒー店では、いきなり店員に話しかけられた。研究で来ていただけの筆者を、地元住民と勘違いしたようだった。ベトナム戦争後、たくさんの遺児を西海岸に連れて帰ってきたこともあり、町を歩いていてもアジア系は珍しくない。日本人も少なくないのだ。シアトルにある世界屈指の林産企業、ウェアハウザーの玄関には日本人形が置かれ、我が国の木造住宅を説明した英文資料まであった。日本が一大顧客だからだ。戦後、急増した輸入木材は、ここからも来ていた。

建築を見ようと散策していたら、シアトルの住宅街に迷い込んだ。几帳面に刈り込まれた「日本っぽい庭木」が目に留まる。明らかに職人の手による「丁寧な仕事」であった。生け垣の間から見え隠れする邸宅も、なんだか「一昔前の日本っぽい木造」に見える。当初、それは思い過ごしかと思っていた。

しかし、そうではないらしい。現地の知人によれば、「シアトルのお金持ちの中には、日系の庭師を抱えていることを誇る人がいる」と言う。

米国への移民は、まず言葉が話せなくてもできる仕事からスタートした。移り住んだ日本人のうち、庭師になった方が結構いたらしい。筆者が見たのは、その流れを汲む作庭なのだろうか。

「一昔前の日本っぽい木造」については『太平洋を渡った日本建築』（柳田由紀子・ＮＴＴ出版）に詳しい。米国で日本庭園や日本建築、つまり日本の「伝統木造」がヒットした時代があるという。最初の建築は１８７６年、フィラデルフィア万博の日本館。そして戦後も、日本の建築や庭園などが流行していたという。この場合の流行とは、実物を建築し、作庭することを意味する。

## 伝統木造の自由さと創意

日本の「伝統木造」には、奇想天外なモノが多い。海の上に建てられた「厳島神社」、高さが50m近くあったらしい「出雲大社」、崖に造られた「清水寺」や「投入堂」、そして二重螺旋を納めた「さざえ堂」。

現存する世界最古の木造建築は法隆寺だ（なお奈良の元興寺には、使用されている材木等に、法隆寺より古いものがあると言われる）。法隆寺の五重塔は、7世紀はじめの建立《こんりゅう》とされ、塔の高さ32・56m（法隆寺の創建は607年である。しかし天智9年（670年）に大火に遭い、寺地を変えており、現存する五重塔の建立は670年以後と言われている）。1300年の間、どれだけの地震と台風が、この塔を揺らしてきたことか。日本で建築を学んだ我々の世代は、この「伝統木造」の自由で斬新な創意、技能を超えるどころか、到達もしていない。逆に、継承の危機に陥っている。

学生時代に見学した、忘れられない「伝統木造」の一つが滋賀県大津市にある「光浄《こうじょう》院客殿《いんきゃくでん》」（1601年建立）である。建築専攻の学生という特権で入った。

この「光浄院客殿」を参考に建てられた「伝統木造」が、なんと米国にある。Sho-fu-so（松風荘）だ。1954年にMoMA（ニューヨーク近代美術館）に出展され、その後、フィラデルフィアに移築され、今なお健在である。この松風荘の建築は、宮大工、伊藤平左エ門の一門の作である。現在でも「伊藤平左エ門」の志と名を継ぐ設計事務所が東京にある。現代日本を襲っている「伝統木造」の危機に耐えて、生き残っている。

## 米国では日本の伝統木造や庭園が流行

この松風荘のような記念建造物だけでなく、現代日本から見れば「一昔前の木造」が、日本庭園と共に、米国では戦前、戦後を通じて人気がある。中古住宅の売買が盛んなことも手伝い、今も米国では使われているものが多いという。筆者が見かけたシアトルの庭木と邸宅も偶然ではなかったのだ。アメリカに限らずドイツ、オーストリア、フランスで日本の大工棟梁の技能に対し、賞賛の言葉を聞くのは、毎度のことである。日本より海外の方が真っ当な評価をしているように思う。

日本を離れ、海外生活が長い方が使う「日本語の美しさ」に、聞き惚れることがある。日本では失われた奥ゆかしさ、端正さが残っているからだ。建築も似ている。職人の手による庭木の「丁寧な仕事」が残っている。今でも大事に使われている「一昔前の木造」もある。日本の生活文化が、海外に移り住むと、その中にある日本が時を止めて生き永らえられるようだ。

では、時計の針が急進した日本では、この「一昔前の木造」は、どうなったのか。大工棟梁を始め、職人、建築家の必死の叫びにもかかわらず、住宅レベルの大きさの木造建築でも、手続きに時間と費用がかかって、建築困難な状況が、ほとんど何も改善されないまま続いている。大工棟梁の高齢化と減少も重なり、危機的な状況は深刻化している。

木造住宅は近所にいくらでもあるが……と思われるかもしれない。しかし、それらとここでいう「一昔前の木造」は別物である。現在、日本で「一般的となった木造」とは「在来木造（在来工法）」と呼ばれるものである。木造の大多数を占めるようになった「在来木造」と「一昔前の木造」とはまるで異なる、別物である。後者を本書では「伝統木造（伝統構法による木造）」とする。また、その構法を「伝統構法」と呼ぶ。

## 伝統木造とは

戦後の建築基準法は「伝統木造（伝統構法）」を素通りし、現代において一般化した「在来木造」を法制度の拡充を通じて作り上げて来た。両者の違いを説明していこう。

２０２０年に日本で新しく建てられた住宅のうち57・６％は木造で、この数には共同住宅なども入っている。そのうち一戸建てに限定すると、木造は90・６％。今でも新しくできる戸建ての９割は木造ということになる。

しかしその多くは「在来木造」である。和室以外で無垢材を目にすることはほとんどないだろう。一見、木目でも実はプリントされたシートということもある。

しかしながら「伝統木造」は決して過去の存在ではない。知る人ぞ知るところで建築され続けている。では、この「伝統木造」とは、一体どのようなものだろうか。

前著では筆者独自の解説を試みた。本書では公の文書から説明していこう。鈴木祥之先生（京都大学名誉教授）の資料と西澤英和先生（関西大学教授）の文章を引用する。

鈴木先生は耐震工学、建築振動論が専門で、「伝統木造」の耐震実験も長く続け、２０１０年から「伝統的構法の設計法作成及び性能検証実験検討委員会」の委員長も務めた。現在の法制度下では「伝統（的）構法」で木造は建築しづらく、「伝統木造」をほとんど建てられなくなっている。この現状を打開するために、国が設置した委員会である。鈴木先生が内閣府の規制改革に２０１８年２月に招聘された際に、提供した資料を紹介しよう。内閣府のサイトにもアップロードされていた。

## 木造建築物の構工法（建て方）

在来工法木造住宅の軸組　　伝統構法木造住宅（京町家）の軸組

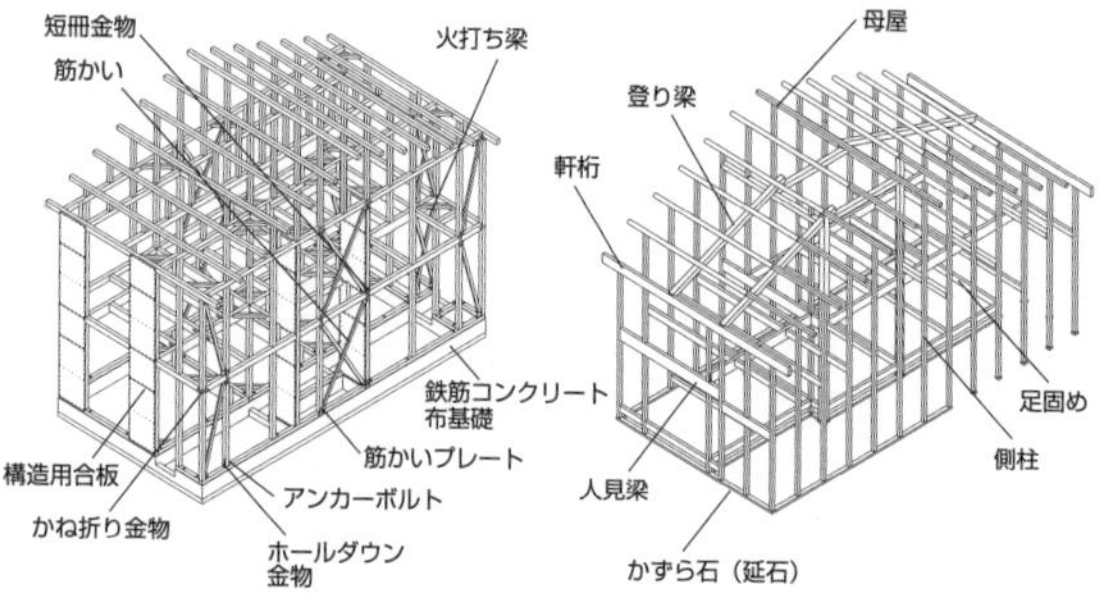


軸組図は（株）佐藤建築設計・佐藤英佑氏が制作

〈在来工法〉
建築基準法に記載の工法
（木造の工法仕様が規定されている）

〈伝統構法〉
町家・農家型住宅、社寺建築物
（建築基準法に明確に記述されていない）

| 各部 | 在来工法（建築基準法） | 伝統構法 |
|---|---|---|
| 基礎・柱脚 | コンクリート基礎上に土台、柱脚を金物で緊結する | 一般に土台を設けず、柱脚を礎石に乗せただけの石場建ても多い |
| 接合部 | 主要な柱と横架材の接合部を金物補強する | 仕口・継手は、木を生かした「木組み」であり、金物は用いない |
| 耐震壁 | 筋かいや構造合板、石膏ボードなどを用いる | 壁は、土塗り壁や板張りの全面壁・小壁（垂れ壁、腰壁）が多い |
| 木材 | 人工乾燥木材の他、合板、集成材など木質系工業製品を多く使う | 丸太や製材など天然乾燥木材を多く使う |

伝統的木造建築物の建築基準法における問題（京都大学名誉教授　鈴木祥之）
https://www8.cao.go.jp/kisei-kaikaku/suishin/meeting/wg/nourin/20180216/180216nourin01-1.pdf をもとに作成

「伝統木造」を建築しようとすると、建築基準法が定める「仕様規定」というルールを随所で破ることになる。この「仕様規定」は建築の一般的なルールのようなものである。住宅レベルの小さな建築では、構造計算はしなくても良い。しかしこの仕様規定は守らなければならない。

建築の構造を確かめる計算には、いくつかの方法がある。「伝統木造」が仕様規定から外れるとなると、住宅といえども、マンションレベルに要求される難しい構造の計算（限界耐力計算）が求められ、さらに「適合性判定」という構造計算の二重チェックにも回される。まっとうに「伝統木造」を建てようとすると、難しい計算をし、書類も作り、手数料も取られ、住宅建築としては、あまりに時間と費用がかかる。そのため、ほとんど建てることができなくなっている。

## 大きな違いは「足下」「軸組」「接合部」

「伝統木造」の特長としてはまず「足下（建築の地面に近い部位）」「軸組（骨組み）」「接合部」が挙げられる。ここが仕様規定の発想と根本的に異なる。順に説明しよう。

まず足下。「伝統木造」は、建物が地面に繋がれておらず、建物は石等の基礎に置かれているだけである。これは「石場《いしば》建《だ》て」等と呼ぶ。地面が揺れても、縁が切れているため、大地震の時には、なんとそのまま、建物自体が基礎からずれることがある。そうして倒壊せずに、大地震に耐える。建物が変形したり、動いたりして、大きな地震動をかわしている間に、中の人は逃げられる。しかし仕様規定では「木を横に寝かした土台をコンクリート基礎に緊結《きんけつ》すべし」となっている。このため、現在一般的な木造、つまり「在来木造」は、建物が地面と繋がっている。

次は軸組、骨組みである。伝統構法は、まず木を縦横に組んで構造とする。基本構造は、壁ではなく木の骨組みである。縦に通る柱を始め、横に渡る梁《はり》・桁《けた》、足堅《あしがた》めや貫《ぬき》、差し鴨居《かもい》という名の部材等が組まれており、地震でゆさゆさ揺れても、ペシャンといかない。少し傾《かし》いだり、変形したぐらいなら元に直せる。

これに対して、仕様規定にある「壁量規定」は、その名の通り、「壁」の「量」で、地震等に対する建物の強さを評価する。「木の骨組み」を尊ぶ伝統構法とは、構造に対する考え方が根本的に異なっている。もちろん、この壁量計算で、伝統木造に入れる壁の強度も計算はできる。しかし伝統構法は、縦横に木が組まれた骨組みが基本である点に変わりはない。

そして接合部。伝統構法の基本は木組みであり、パズルを解くように、結び目（接合部）を解いていけば、バラバラにできる。この木同士の結び目を継手、仕口と呼ぶ。継手は長手方向に木を接いでいくやり方で、仕口はある角度を持って木同士を組むことである。様々な継手や仕口が工夫される。伝統木造だった筆者の祖父母の家も解体したのちに移築している。木の腐った部分を継ぐことも、そう困難な事ではない。修繕ありきの木造なのである。

もともと腐りやすい水回りを下屋（外回り）におき、母屋（本体）から取り外しやすいように考えられている伝統木造もある。骨組みだけ残して内装を変える事もできる。今風に言うと「スケルトン・インフィル」構造である。ばらされた古材は時にプレミアつきで引き取られて新しい家の部材として蘇ることもある。

しかし、仕様規定はこうした大工棟梁の腕の見せ所を認めない。接合部に金物を使用するように事細かに指示されている。

伝統木造の全体像をイメージするために、一つの模型をご想像頂きたい。縦横、格子状に、木材で組まれた模型。鈴木先生の資料にあるように、木だけで組んだ格子状の箱である。木材は、力がかかると、めり込んだり、しなったりする。ある程度の変形なら元に戻る。そこで木は格子状に組むだけで、格子が変形した時に、木の接合部を突き破りそうな硬い材などは、間には入っていない。この模型を机の上に、金属などで留めず、ただ置いてみる。

机を激しく揺らすと、模型はどうなるだろうか。家具相当の重しを入れても、格子がしっかりと組まれていれば、震動で若干変形したのち、ある限界を超えたら、模型そのものが滑り出すだろう。しかし模型自体は壊れない。昔は建築には地盤の良い土地が選ばれ、また建築前に地面を堅牢に突き固めることも怠らなかった。その地面の上で、伝統木造は、揺れに対して、構造体が一体となって変形し、そして大地震の時には、地面から建物ごと滑る。実物大の耐震実験でも建物がゆさゆさと揺れ、実際に建物自体が基礎から動いた。しかし倒壊はしない。

筆者も国立研究開発法人・防災科学技術研究所の兵庫耐震工学研究センターにある通称E－ディフェンス（実大三次元震動破壊実験施設）の実験を見に行った。「伝統木造」は、力に力で抗《あらが》うのではなく、適当に自分が変形したり、多少動いたりしながら、地震の力をいなしていた。振動台で揺れている「伝統木造」を見て、いかにも日本的な構法だなあと思ったものである。

## 在来木造は壁が目立つ

最近、窓も小さく、壁が目立つ住宅が増えてきた。住んでいる人は、これが木造だとは思っていないかもしれない、しかしこれらは十中八九、戦後の法制度が作り上げた現代の木造、つまり「在来木造」である。

もともと建築基準法は、バラックを規制するために作られたと聞く。現在の法は、あるべき姿を説いたというより、むしろ誰が設計しても、誰が建てても壊れないようにという発想のもとに作られ、何か災害や問題が起こる度に、ルールが追加されていった結果の産物とも言える。法や基準を改正する度に動員されてきた研究者も、理想像を求められたのではなく、対症療法を作って下さいとお願いされてきたのではなかろうか。

壁量計算に加え、高気密・高断熱住宅や機械換気などが推奨された結果、「在来工法」は、壁が目立ち窓が小さい住宅として、その形を現してきた。高気密・高断熱は本来、寒冷地向きの仕様である。日本では、高温多湿な夏を過ごしやすい造りも重要である。しかし庇は短く、縁側もない、箱のような建物が多く建てられるようになった。日本の設《しつら》えより、今は海外仕様が勝っている。

伝統木造には、日本の夏、冬の気温や日射と上手に付きあう濡《ぬ》れ縁《えん》、広縁《ひろえん》などの「縁側」もあった。しかしこれも現在では珍しくなり、「縁のない」木造となった。

## 伝統木造は守り伝えていくべきもの

2019年に日本建築学会賞を受賞した『耐震木造技術の近現代史』（西澤英和・学芸出版社）では、「在来木造（在来工法）」と「伝統木造（伝統構法）」について、以下のように説明している。

「在来工法」とは、文明開化で導入された洋風木造を土台に、「お上」の権威のもとに体系化された「官」の技術である。
「伝統木造」は、昔からの経験や技術の蓄積をもとに大工棟梁が培い逐次新しい様式や技術を旺盛に取り入れながら徐々に発展を遂げたいわば「民」の技術である。
「在来工法」は、「伝統木造」とは似て非なるものである。

2009年の実験で、特別な対策をしていない木造が倒れなかった隣で、同じ振動で、国が推奨する「長期優良住宅」を、さらに耐震補強した建物が倒壊してしまったことがある。「在来木造」の中でもエリートに当たる住宅が倒壊したということだ。その実験の様子を同書ではこう記している。

平成二一（二〇〇九）年一〇月二七日に、兵庫県三木市の防災科学技術研究所の世界最大級の振動台に、実物の三階建ての木造住宅二棟を載せて実際の地震動を加えて揺するという大規模な実験が行われた。一方は、長期優良住宅仕様をさらに上回るように耐震補強されたまさに超優等生の耐震木造住宅。もう一方は、特別な対策を施していない普通の伝統工法の住宅であった。

多数の見学者が固唾をのんで見守るなか、二棟の建物に激しい揺れを加え始めると特別頑丈に造られた耐震住宅は一階が傾き始めたかと思うと、次の瞬間バランスを失って一瞬にして倒壊。実験施設の頑丈な床に叩きつけられて壁も柱も粉々に吹き飛び、周囲に猛烈な粉塵が舞い上がった。もし中に人がいたなら誰も助からないことは明らかであった。

それとは対照的に濛々たる埃のなか、伝統的な木造家屋は激震に耐えて何事もなかったかのように建っていたのである。

厳密に言うと、この伝統的な木造家屋は、イコール「伝統木造」ではない。この実験とは別に「伝統木造」そのものを用いて、何棟もの実物大実験が行われている。わざと倒壊させた実験を除き「伝統木造」は揺れたり、動いたりするだけで、倒壊するということがない。実験のような地震に襲われることは、現実には希なのかもしれない。また「長期優良住宅をさらに耐震補強した」といえば大仰に思われるかもしれない。しかし柔らかい木を硬い金属で、あちこちがっちり動かないように固定した細長い建築を強震で揺らしたと聞けば、いきなりぺしゃんと倒壊しても、驚かない人も多いのではなかろうか。

あくまでも一つの実験結果である。これをもって構工法の良し悪しを断ずるつもりはない。

形あるものは、いずれ壊れる。自然の脅威に完璧な建物などない。耐震性が高いなら、厚いコンクリートの塊の中で暮らしても構わないと思う方は、どれだけいらっしゃるだろうか。しかしながら、最近コンクリート構造物の劣化が問題になっており、一方で古代の木造建築がいまだに建っていることからも分かるように、高い技能で建てられた木の構造物は、コンクリートの構造物より耐用年数が長い。

工業化が進んだ現代日本においては、在来工法もなくては困るのは事実だ。伝統木造を建築できるほど、家にこだわれる人も少ない。祖父母の家と異なり、両親が建てた二棟の家は、在来木造である。私も在来木造の中で育った一人だ。

これまでに、伝統木造（伝統構法）は、実物大の建築を用いたものを含め、様々な実験がされている。現実に観測された大地震の地震波を入れて、耐震性も検証された。その結果、地震に強い木造（構法）であることが分かってきた。日本人として、我が国の木造の伝統構法が、これだけ地震に強いことが、うれしく、そして誇りに思う。

しかし伝統構法が制度的に優遇されることはなく、官が積極的に推し進めることもない。何かが優遇されれば、優遇されない方が不利になる。安全な木造に住める可能性を、国民の選択肢から結果的に遠ざけてしまっていていいのだろうか。本来ならば、大手を振って建てられるようにすべきであろう。かりに万が一、実験で不具合が見つかるようなことがあったとしても、それを補う工夫をしてでも、伝統木造は、我が国が守り伝えていかなければならないものだ。我が国のみならず、木造のブームに沸く海外においても、そして、これからの木造の発展のためにも、日本の伝統木造の構法や技能を、おおいに世界にアピールしたいものである。

### 資源と産業、文化、そして技能の「質」の問題

そもそも戦後に大量に植林した杉、檜は、建築に使うためだった。現代においても「伝統木造」に限っては、日本の製材業や林業の振興と、その先にある山村や山林の発展に直結している。日本の山林、林業や製材業、そして地域社会と深く結びついているのだ。

法隆寺と薬師寺で宮大工を務めた西岡常一氏は「木を買わずに、山を買え」と伝えている。今でも宮大工は、山に入って立木から選ぶか、市場で原木を自分の目で確かめて買う。都心で現在建設中の三重塔を手がける宮大工も、原木から選んでいる。住宅でさえも「伝統木造」を手がける大工棟梁は、自分で原木市場へ行く。自分で木材をストックしている人もいる。

「伝統木造」は、構造から化粧（人の目に見える所）まで、ありとあらゆる所に木材、それも白木を使い、空間を創り上げることに長けている。材料である木材の耐久性、その

ありのままの美しさは重要である。このため同じ気候風土で育った日本の木が良く、それも一番質の良い材、つまり高い材を求める。「伝統木造」は、日本の木の性質を最も生かす建築であり、とても多くの木を使う。真っ当なお金が山林や山村に還り、山を守り、木を仕立てる技能の発展、その地域の産業や文化の継承に繋がる。

代々続く林業家で、丸太を砕いて、粉々にするために、木を植えて育てて来た人がいるだろうか。彼らが木を植え、手塩にかけて、木を育ててくれているのは、まずは建築などの用材として採るためだ。伐り倒した後も、何十年、何百年と使われる建築物に、自分の山林の木材を届けたい。そこに地域の林業が発達し、森林資源を持続的に回す仕組みも発展する。そして無垢材も伝統木造も、そこらの職人では扱えず、製材や建築の分野においても、技能が必要で継承されていく。

これは国内資源を建築で消費してもらいたいという「量」の問題ではない。むしろ資源と産業、文化、そして技能の「質」の問題である。林業でも製材業でも建築業でも、もっとも良い材が、そして、そのトップクラスの技能を持つ人々が、結果的に不利に立たされている。どこでも、誰でも、同じようなモノを、大量に、早く、安く、作ることばかりを目指していては、瞬間的に成果が得られても、林業は持続性や競争力を失い、製材業や建築業も、長い目で見ると業界全体の停滞につながり、将来の財産となる建築さえも創り出せなくなっていく。

### 木は人の五感にも良い

木は、軽い割に強度があり、建物の構造材にとても適している。造形も容易で家にある鋸や彫刻刀でも加工できる。

材料の製造段階での、エネルギー消費量や二酸化炭素排出量も、他の材料に比べ格段に低い。無垢材で、天然乾燥材ともなれば、さらに下がる。そして木の乾燥重量の約半分は炭素であり、それだけ大量の二酸化炭素を吸収して固定していることになる。

木は、刺激の強い短い波長の光を弱め、目にも良い。木の色は暖色であり、また表面の凹凸で光を散乱させるため、眩しさもなく、さらに杢目《もくめ》の適当さが、見る者に心地よいことは科学的にも示されている。

振動を適度に吸収、反射する性質を利用して楽器にも使われる。学校の体育館の床もほとんど木だったと思う。大人が通うジムのダンスフロアも、大抵、木だ。木そのものや、木で組まれた構造が、変形したり、撓《たわ》んだりしながら衝撃を吸収してくれるからである。

熱伝導率も低く、触っても手から熱を奪わず、温かい。ある程度の厚みがあれば、湿度を調整する効果もある。空気中の湿度が高ければ、吸い取り、低ければ、吐き出す。内装が無垢材と漆喰《しっくい》で仕上げられた室内は、梅雨時も、べとっとした暑さを感じない。木の匂いには、森林浴の効果もあり、成分には防虫や抗菌の効用もある。伝統木造には、山林の自然環境を、人が住めるように生活空間に仕立てた趣もある。このため、この木の性質をありのまま生かそうとする「伝統木造」が、人の生活する環境として優れているのは、当然だろう。

この「木」、それも「国産の無垢の白木」そのものの素晴らしさを実直に活かす「伝統木造」のようなスーパーエコロジー住宅を、諸手を挙げて応援してもいいはずだ。

## 五重塔は地震で倒壊した記録がない

近年、耐震実験施設で揺らしている木造は、住宅を想定しており、比較的安定した形をしている。このため伝統木造が実験で倒壊しないのは、あまり不思議ではないのかもしれない。

文部科学省選定「五重塔はなぜ倒れないか」という映像がある。ここでも、伝統構法で作られた三重塔、五重塔が地震で倒壊した記録がないと解説されている。塔も様々であり、塔と家は違う、材料が違う、技能が違うと言うかもしれない。しかし塔は見るからに住宅より不安定な形をしている。法隆寺の五重塔は、7世紀に建てられ、そのまま1300年の歳月を耐え、建ち続けている。

この映像では法隆寺の五重塔の5分の1の模型が登場する。模型を作ったのは宮大工、宮崎忠仍氏だ。釘や建築金物で固定したところは、一箇所もなく、木を組んだだけで造られている。そして柱も基礎に留められておらず、太枘《だぼ》という部材を間に入れて、石の上に、単に柱が置いてあるだけ。それぞれの層も留めているのではなく、太枘がひっかかっているだけである。この塔を兵庫県南部地震（1995年）、新潟中越地震（2004年）と同じ震度6強で、振動させている。もちろん倒れなかった。

## なぜ実証結果が法制度に反映されないのか

なぜ何度も耐震実験までして、安全性を検証したのに、その成果を積極的に建築基準法に反映しないのか。一つの理由は、計算で証明できないからだという。

議論が、また元に戻されてしまっている。何のために国の事業として実物大の耐震実験までしたのだろうか。

この分野は研究者の数が少なく、それぞれ研究対象にしてきたものも違う。伝統木造を支えているのは、普段から本物の伝統木造を目にしている研究者である。研究者でも実感として建築を理解していなければ、判断がぶれるだろう。

先の委員会も、途中で委員長が交替させられるという波乱の末、鈴木先生が引き受けられた。引き受けた研究者も、各自の研究対象や学術研究の範疇を大幅に超えて奮闘している。

国費を投じて何棟もの実物大の木造建築で耐震実験をした。ここまでのことをしたのならば、危なくないように基準やルールを法制度にのせ、普通の一般住宅と等しく建築できるように、旗を振るのが、公が次になすべき仕事ではなかろうか。実験後、いくつかのルールが出てきた。しかし、なぜこのような規則になるのかと、関係者がショックを受けたものさえある。

伝統木造も仮想の世界に現実の世界が付き合わされている感は否めない。この関係は普通、逆なのではなかろうか。職人とその技能、構法が途絶えては元も子もない。これ以上、現実の世界を待たせていては、取り返しがつかない。

## 自国の文化や伝統が「既存不適格」に

現在の建築基準法には、いまだに伝統構法や大工棟梁（建築大工技能士）は、存在しないも同然である。かたや外国から来た「ツーバイフォー（枠組壁工法）」や、戦後できた資格、一級建築士などの「建築士」の立場は明記されている。

技能を持つ建築大工技能士が、さらに努力して腕を磨いても、現在の法制度においては、ほとんど何のメリットもない。電動ドリルでビスを打つぐらいしかできない人と同じ扱いになってしまう。これは職人個人の問題ではない。

同様に伝統構法も、現状の制度の中では、「その他扱い」になっている。国内外の観光客が、こぞって訪れる、全国各地の歴史的町並みは伝統木造、伝統構法で作られている。その多くは、現行法には沿わない「既存不適格《きぞんふてきかく》建築物」となる。修繕ともなれば、足下から作り直さなければならない。

## 新しい木造の発展に向けて

内閣府の規制改革推進会議は、建築家の坂茂氏を招聘した。氏は２０１４年には被災地での建築活動などを評され、プリツカー賞（建築のノーベル賞と言われる賞）を受賞している。世界で最先端木造を牽引し、スイスのスウォッチ本社、フランス、セーヌ川に浮かぶ音楽ホール（ラ・セーヌ・ミュージカル）など、世界各地に作品がある。その坂氏は、日本の木造に関する、最近の技術の規制や開発の方向性について「ガラパゴス化している」と評し、発展に妨げになると憂いていた。世界では通用しない独自の進化が進んでいるということだ。

建築に木を使うことを促すために、いろいろなルールが考えられ始めたこと自体は、良いことだと思う。ところが、中には「木を使わなくてもいい」「むしろ木ではない方がいいのでは」と感じてしまう、行き過ぎた使い方がある。木の性質が生かされる使い方であれば、あるほど、木を使う意味と価値が発揮される。

わかりやすいのは前述の接合に関する規制だ。新しい木造の接合部にも、これでもかと言うほど金物を取り付ける。金物で止めては、木の変形性能を生かすことが難しくなる。このルールに対して、「木造」ならぬ「金物構造」だと嘆いたのは、大工棟梁ではなく、設計事務所の人であった。

他に「燃え止まり設計」も、首をかしげてしまうものの一つだ。昔から「燃えしろ設計」というものはあった。これは木の断面に「燃えしろ」を見込み、少し太めに設計することである。木は燃えて炭化層ができると、その層が断熱材の働きをし、燃えるスピードが落ちる。この木の性質を生かし、断面を厚めにして、火災への対応力を高める。これが燃えしろ設計である。

これに加えて出来たのが「燃え止まり設計」である。木材の中に燃えない材料、つまり「燃え止まり層」を挿入して、その上をさらにまた木で覆う材料である。層状の断面を持つ材料になる（燃え止まり層に、木材に薬剤を含浸させたタイプもある）。

しかし、ここまでの加工をして木を使う必要があるだろうか。ガラパゴス化へと進んではいないだろうか。このような材料を海外市場でも展開することができるだろうか。お手頃な材料であるはずの木材が、高くなってしまわないか。昔から、化粧（表面）に、木を張るという工法はある。木にある程度の厚さがあれば、室内では、木の効用を得ることができる。構造は建物の用途、規模などに相応《ふさわ》しい材料にしてもいいだろう。

木の持つ性質をできるだけ生かす使い方を考え、増やすことで、木の価値が正当に評価され、山林にもお金が還っていく。木である必然性がない使い方では、木それ自体の取引価格は上がらないうえ、別のコスト等が回り回って発生する。

伝統木造のみならず、ビルの内装等においても、木が持つ性質を生かした材、そしてその木を活用した建築を建てられるように努力すべきは、技術のみならず、規制や法制度の方かもしれない。

### 現場が分からない

中層建築物の改修工事の際に聞いた話である。現場は住宅メーカーが取り仕切っていた。会社から派遣された監督の名刺には一級建築士とあった。改修工事の責務を担いながら、彼は壊してはいけない防火用の壁（用心に用心を重ねた建物で、防火壁のようなものを設置していた）を壊し、さらに地下につながる吸気口まで塞ごうとしていた。

施主（建築主）が、「ここには吸気口があるので塞がないで下さい」と言っても、彼は「なぜ塞いではいけないのですか？」と繰り返すばかり。

防火用の壁が壊されても、すぐには人命には関わらない。しかし吸気口は人命に関わる。素人ながらも施主の女史が図面を指し示して、「ここは吸気口で、ここは排気口です。吸気口は塞がないで下さい」と説明した。そこでようやく、彼は事の次第を理解し、表情を引きつらせた。

不安に思った施主は、その会社に電話をかけた。かえってきたのは、「弊社は、工場で製造した住宅の部材を組み立てて作っているだけなので、（その監督者も）現場が分からないのです」という率直過ぎる回答である。

改修の際に、取ってはいけない柱が取られていたという類の話はよく聞く。幸い、この現場には、先々代から続く、大工を擁する工務店が下請けで入っていた。施主は彼らに尋ねることにした。彼らはまだ「建築」を理解している。住宅メーカーでも現場は大工の見識と技能に左右されている。

大学卒がゼネコン（総合建設会社）へ入社して、いきなり現場の監督を仰せつかると、肝心なことを教えてくれるのは職人である。職人が設計の手違いに気づき、危ない所を救ってもらったという話は多い。それが高層であろうと、戸建であろうと、現場は職人の技量に大きく左右される。

我が国でコンクリートの施工精度が高いのは、コンクリートを流し込む木の枠（型枠）を作っていた大工のレベルが、とても高かったからだとも言われていた。

しかし現場で建築を分かり、教えられる層が薄くなっている。

### 自国の技能を守って不利益を被る人はいない

「伝統木造」を作りあげる技能は、一つのピラミッドの頂点であり、ここが欠け始めている。「伝統木造」を設計し、建築できるだけの見識と技能を持つ大工棟梁も一握りである。むしろ「伝統木造」を建築するチャンスに巡り会える人は幸運である。

これを認めたところで、他の工法を否定するわけではない。工業化住宅と競合するものでもない。不利益を被る者は、誰一人としていない。これは量の問題ではなく、質の問題であると前にも述べた。建築現場におけるトップクラス技能が欠け始め、業界全体の職能の低下に及び、その不安が、多くの建築工事現場に暗い影を落とす。視野が狭隘化すると、自分の組織や業界の将来を見誤る。大工を始め、職人の社会的役割を法制度上明記し、守り育てることは、業界全体の発展につながり、国益につながっていく。

### ドイツのマイスター、フランスのコンパニオン

２０１０年には、大工棟梁達が「伝統木造建築の危機」を訴え、19万７２１７人の署名を集め、国会請願までした。そして２０２０年12月には、関係者の根強い努力により

「日本伝統建築工匠の技」がユネスコの無形文化遺産に登録された。それでもなお、伝統木造に関わる人たちの苦境は続いている。

これに対してドイツやフランスでは、日本で言う建築大工技能士（大工）などの職人の存在が、社会制度において、明確な位置づけを得て、しっかり社会に根を下ろしている。志ある者は、その中で学び、技能を磨き、独り立ちすることができる。

職人はドイツではマイスター、フランスではコンパニオンと呼ばれる。フランスでは、見習や徒弟のことを、アポルンティと言う。２０１４年にフランスの職人を育てる学校を訪問した。真新しい施設であった。職人の学校を卒業すると、各地を周り、働きながら、さらに各地の職人の学校に通う。技術を修めたフランスのコンパニオンは、大手のゼネコンにも勤務し、管理職同等の高給取りにもなるそうだ。

## 大工棟梁という職能

筆者の所には、新年になると、棟梁や宮大工から、彼らの見事な建築作品の写真を用いた年賀状や手製の木版画の年賀状が送られてくる。彫刻や家具を制作するのも、彼らはお手の物である。地方にはまだ、大工をはじめ職人の集まりが、かろうじて存続している地域がある。職人がソフトなインフラを担う町は、安心である。災害の際にも彼らがいる。

何代と続く宮大工、家大工、林業家たちは土地の長い歴史の中で、志を受け継いでいる。自分の地域に対する思いは格別である。大工をはじめ職人も、そしてその土地で山林を所有する林業家も、山林や木材、木造に関わる人達は、地域社会を維持する重要な役目も担っている。

そして家を建て、ビルを建設し、その連《つら》なりが町になり、地域の景観になる、どの現場にも職人がいる。実体を手がけているのは彼らである。誰が一番手を抜くと危険な建築ができるか。現場の手である。これ以上、現場で実体を扱う職人と、その職能を軽視した法律や制度を継ぎ足し、作り続けることは危険である。

いくらあらゆることの自動化が進んでも、建築は、建築家と構造家の図面と計算だけで建てることはできない。現場で、実物を手がけるのは、建築家でも構造家でもない。紙に書いた通りに、建てることができなければ、それは虚事《そらごと》である。建築の可否は、現場の職人の見識と技能にかかっている。

グローバル化に応えるには、まず多様性を受け入れることが求められる。それ自体は否定されるものではない。

しかしそれは誰もが抗いにくい、誰にも分かり易い「多様性」という言葉を旗にして振り、何でも同調させ呑ませることではないだろう。多様性を受け入れる代償として、自分達が本来、守り、大事にしなければならないものを見失うことでもない。自国や地域社会が固有に受け継いできた文化や伝統を、今の時代には、そぐわない、グローバルマーケットでは計れない、競えないと、安易に捨てることでもない。むしろ逆に、意識して、これまで以上に目をかけるものだ。

大工棟梁は「いかに手間をかけるか」、材木商は「いかに良い在庫を持つか」が彼らにとって、いい仕事の基準である。

彼らは社会に逆行しているのではない。自分の仕事が、社会から求められ、社会で果たすべき役割を大事にしている人達である。そんな彼らが仕事を成し遂げることを困難にし、生活していくことさえ難しくしている社会の方に問題がある。

レジリエントな（粘り強い）多様性を包容する世界は、主体性を帯びた自立した強い個があって成り立つものである。山中で質の高い木を育て、その立木から無垢の木材を挽き、伝統木造を設計し、建てる。それぞれに関わる人々の個は強く、自分の仕事に強い自負を持つ。その最たる者は大工棟梁である。欧州の職人も、日本の大工の技能、木造を高く評価する。大工棟梁の職能、その所作、その生き方は、我が国がグローバル化する世界へ、我が国の強さとして打ち出せるものの一つであろう。

# 第2章　自国の伝統文化は国益に直結する

## 南仏の城塞都市カルカッソンヌ

２０１４年、まだ暗い1月の朝、フランス・トゥールーズから電車に乗り、40分ほどでカルカッソンヌに到着した。ヨーロッパの冬は、なかなか夜が明けない。暗いプラットフォームに降りると、ＡＢＦ（*Architectes des Bâtiments de France*、フランス建造物建築家）と呼ばれる官吏が、筆者の名前を手書きした紙を両手に広げて待ち構えていた。

ＡＢＦとは、文部科学省にあたる官庁がフランス各県に派遣している専門官である。出迎えてくれたＡＢＦには、オフィスに直行する気はなかった。彼は監督するこの一帯で自分が一番誇れる景観を日本人の研究者に見せたかったのだ。それは虹色に明ける空を背景に、城塞都市カルカッソンヌが凜とした姿を現す場所である。

今も残る城塞は、ヨーロッパ最大と言われ、その起源は紀元前の古代ローマ時代に遡る。ここは交通や政治、そして軍事の要衝であり、その要塞としての歴史が積み重なるように、建築も積み重なってできている。

ＡＢＦは、日本では権威のある官吏だと紹介されていた。このため白髪の叔父様の登場を期待していた。こちらの勝手な想像は外れた。若きＡＢＦも、こちらの驚きを察して、「がっくりさせて申し訳なかった」と笑う。しかし年齢に関係なく、彼の権限は強い。カルカッソンヌとその周囲では、彼がＯＫしなければ、木1本も切ることができない。

カルカッソンヌは、歴史的建造物の保全を始めた「先駆け」の町でもある。フランスで歴史的記念物に関する法律ができたのは１９１３年。第一次世界大戦よりも前、日本では大正2年である。そして、歴史的記念物とその周囲５００ｍの景観をＡＢＦが保護する法律は１９４３年にできる。フランスは第二次世界大戦の真っ只中に、自国の歴史的な建造物や記念物、周囲の景観をどうやって守るか、考えていたのだ。

ヴィオレ・ル・デュクという、歴史に名を残すフランスの建築家がいる。彼がカルカッソンヌの建物の保護と修復を始めたのは、それよりさらに１００年近く前の１８５３年である。

## 建築は文化の表現である

フランスの「建築に関する法律（*Loi sur l'architecture*）」は、「建築は文化の表現である」と始まり、「建築の創造、環境との調和、景観、そして建築遺産の尊重は公益である」と続く。

30歳を過ぎれば人の考えは顔に現れ、「自分の顔は自分の責任である」とも言う。年を追うごとに、思考は顔に刻まれる。建築でも「考え」は「形」に現れる。

フランスの景観は「建築に関する法律」が示す、根本的な「考え」によって、「形」を現している。フランスやドイツの歴史的な町並みは、気がついたら残っていたのではない。そこには明確な国家の意志と国民の思いがあり、その意図が都市計画制度に作り込まれているからである。

逆に、我が国の町並みや景観を眺めると、現代の日本という国が、どういう考えを持つ人々の集まりであるかを、感じ取ることもできる。日本の建築基準法は「この法律は、建築物の敷地、構造、設備及び用途に関する最低の基準を定めて、国民の生命、健康及び財産の保護を図り、もつて公共の福祉の増進に資することを目的とする」と始まる。

つまり我が国の建築の法は「最低の基準」を定めたものだ。安全や防災などの観点から、建築物が、せめて最低のラインはクリアするよう規制していると言ってもいい。この建築基準法諸規則を境界条件と見なして、我が国の建築行為の多くは、建築主個人や施工者の、現世における最大の利益と効率を、まずは最重視したものになる。その結果、現れる景観は、皆さんがご覧になっている通り。双方に、今、何が残っており、将来、何が残されるかも自明である。

例えば、日本の都市部で建築物が作るガタガタのスカイラインは、斜線制限いっぱいに建てたために生じている場合がある。斜線制限とは、建物を境界ぎりぎりに建てて日照や通風などに問題が生じるのを避ける目的で、道路幅員などを参考に斜めに線を引き、その中に建築を納めるための規制である。斜線には道路斜線、隣地斜線、北側斜線がある。

建築に際しては、斜線制限を計算したうえで、どのような形の建物ならば建てて良いかを考えなくてはならない。

一級建築士の試験では、この斜線制限の理解を問う問題がある。筆者は一級の資格を取った後、受験生に教えていたことがあった。教室で経済性を考えて、斜線制限いっぱいに建築すると、屋根のラインはガタガタになってしまう。そんな模範解答を見せていた時、計算の果てに出てくる、いびつな形を見て、我に返った。学生に確実に点数を取らせたいと思うあまりに、本来の目的を忘れ、目的と手段が入れ替わっているのではないか。自分は何を教えているのだろうか。

日本の建築確認の審査とは、設計した建物を建てていいか、役所の担当者にただ確認してもらう手続きであり、法律を最低限守っているか、チェックするだけの事務作業である。後で述べるフランスの建築許可と似ているのは名称だけだ。

## 「建築の最低基準を定める」に限界が来ている

建築基準法で、戦後、バラックを規制する線を引いたがために、バラックぎりぎりのラインでしか建築できない職人と建築物を大量に作り続けてしまったのかもしれない。

何か災害や事件が起こる度に、規制を作り、継ぎ足していった結果、建築基準法は何を目指しているものなのか、分からなくなってきた。そして前にも述べたように、同じ振動で揺らして実験していたら、国が推奨する「長期優良住宅」をさらに耐震補強した、法制度が示す手本の方が、そうでない建物より先に倒壊してしまった。「建築の最低基準を定める」方針に限界が来ているのはないか。

筆者は、前著で林業の補助金のことをこう書いた。

「林業の補助金制度は歴史が変えられない古い旅館のようだと言った人もいる。母屋を取り壊すわけにはいかず、問題が起こる度に増改築を重ねていったら、どこから入ってどこから出ればいいのか分からなくなってしまったと」

この文章の「林業の補助金制度」を、「建築基準法」に入れ替えても話は通じる。何か起こる度に、規制や誘導を継ぎ足していったら、いつの間にか日本の「伝統木造」は、建てる手続きに時間もお金もかかり過ぎて、戸建ての小さな建物ですら建築することが難しくなってしまっていた。

気を取り直して、フランスに話を戻そう。フランスと日本では、社会制度における自国の文化への敬意の示し方が、まるで違う。

フランスでは指定された歴史的建造物を中心に、その周囲５００ｍのゾーンに入ると、自分の家の庭木を１本切るにも、許可をもらわなければならない。自分の家の敷地に倉庫を作ろうと思っても、ＡＢＦがダメと言ったら建てることはできない。

若きＡＢＦのオフィスで、建築許可を請う申請書類を見せてもらっていた時のこと。

彼は申請書の上に描かれた建物を見て、「最悪！」と一言。「自分が景観を守るこの地域で、ダサイ建物は建てさせない」と言い放ち、私の目の前で申請を却下した。たとえ、明文化されたルールがなくても、彼がダメと言ったらダメなのだ。筆者が「木1本ぐらい、切っても分からないのでは」と質問したら、「いつも現場を見ているから、すぐに分かる」と即答された。

フランスに住む筆者の知人の親戚は、日曜大工でベランダに作ったビニールハウスを撤去させられたという。都市計画上に設定されたゾーンによっては、ＡＢＦは屋内の意匠まで指導することができる。

このように現代でもフランスでは家一軒建てるにも、地域の歴史的景観への影響が熟考される、そういう法制度が作られている。これに比べ、日本は逆で、自国が誇るべきはずの「伝統木造」を建てようとすると、法制度が建築のハードルを高くする。さらに各地で歴史的景観を形成する民家や町家を修繕しようものなら、法制度に則《のっと》り、抜本的に作り替えなければならない。先祖からの贈物、将来へと受け継ぐべき財産が台無しである。文化という観点からも、日本はグローバルスタンダードから外れている。

さらに日本は土地所有において私権が極めて強く、基本的には自分の土地にどのようなものを建てようが、法律の範囲内であれば、自由である。建築は経済活動の一部になっている。今の日本では「建築」も、まずは儲かるかどうかが最優先になる。歴史を振り返ると我が国でも、建築にはお金以上の重要な意味があり、建築はそれを表すものであった。しかし現代の日本を支配する価値観や社会の仕組みでは、それは既に過去のものである。

ヨーロッパは日本とは違い、魂まで売らなかった。日本の現状を知ったら、このＡＢＦはなんと言うだろう。ユネスコの無形文化遺産に登録された技能で、一介の市民に家を建ててくれる建築大工技能士も、日本にはまだ存在している。しかしながら、これまで述べてきた通り、彼らもその腕を振るう場が奪われたままである。

## 建築において公共に参加する感性と精神を敷衍する使命

フランスの「建築に関する法律」の第1条にＣＡＵＥ（Conseil d'Architecture d'Urbanisme et de l'Environnement）という組織の創設が述べられている。第6条には、ＣＡＵＥはフランスの各県に置かれ、建築、都市計画そして環境に対して助言をする組織であること、そして非営利組織の形を取ると規定されている。ＣＡＵＥは、フランス独特の組織でもある。

続く第7条には、使命が書かれている。

「建築、都市計画そして環境の領域において、公共に参加する情報、その感性と精神を敷衍《ふえん》する使命を持っている」と定められ、また「CAUEは直接または間接的に、建設分野に関わる議員、施主、職人、行政と自治体の担当官の教育、再教育に貢献する」とある。

さらに「建物を建築、または改築したい人、区画を整備したい人に、事業の建築の質と、都市または農村の環境に調和することを確かなものにするために、適切な情報、指導、助言を与える」とし、行政機関や自治体は、都市、建築、環境のすべての計画について、CAUEに自由に助言を求めることができると定める。

そして、この第7条の最後にはCAUEの介入（助言等）は、無償で行われると定められている。CAUEは自治体の建築計画などにも、物申し、たまには首長と対立もする、独立した組織である。しかし運営に公のお金も入っている。

筆者はフランス各地のCAUEにも調査に行った。どのCAUEも、建築家や都市計画家などの専門家の集まりで、法律が定める通りの仕事をしている。彼らは、ご当地の建築や都市計画、景観について、教科書的資料を作ったり、セミナーを開いたり、家を建てる市民の相談に乗ったりしている。小中学校へ出張授業に行き、その土地の建築がどういう特長を持つかなども教える。子供達が大きくなって、その町の歴史や文化を守り伝え、その町の景観を創り続けていくからである。そのための教育をしているのだと、ＣＡＵＥの所員は私に説明した。仕事に対する意欲と自負には目を見張るものがあった。

## 明日の財産を創る

筆者との会話の中で、ＣＡＵＥの専門家は、「自分たちの仕事は『明日の財産』を創る事である」とも述べた。ＡＢＦも同じく、「自分たちの役目は『過去の財産』を保護する事と同時に『明日の財産』を創る事である」と話してくれた。彼らは自分が生きた時代を建造物で残そうとしている。フランス国内のあちこちで、この「明日の財産」という言葉を耳にした。彼らは、明らかに日本の大学の建築学科とは違う教育を受けている。

これから建てられる建築が将来の財産になる。現代的な建築さえも、時間の経過と共に歴史的建造物になる。ＣＡＵＥの仕事は、この意識を市民やコミューンに周知、定着させることである――このように専門家は述べていた。ごく一般的な郊外の地であっても、個性を見出し、住民に知らしめ、愛着を持つように仕向けるのも仕事であると説明された。それにより地域の景観の質を高めることを目指すのだという。

彼らは地域による差異、特徴を見出し、それを景観形成における源泉、資源と考えている。景観形成の可能性を歴史的建造物が連なっている地域に限定していない。彼らは現世で建築を創り、歴史的建造物を保護し、景観の誘導と保全を行うことは、公共、半公共による経営、事業の一部であり、その目的は地域の利益、総じて国益で、将来の財産を形成していくことだと捉えている。

そしてフランスは自国の歴史や文化、古さを頑なに守る一方で、革命的なまでの斬新さを求めることも怠らない。

その答えの一つを、フランスの建設省の専門官がストレートに言った。彼は大型の開発事業を担当している。

「まず考えるのは、この開発（事業）が『国益』に適うかどうかである」

なんだか仰々しい。外国人向けに大げさな物言いをしているのだろうかとも思ってしまう。しかしこの信念があるからこそ、歴史的建造物を保護しながら、同時に、その時代を歴史に記憶する、大統領の名を冠したポンピドゥー・センター（１９７７年）やフランソワ・ミッテラン館（国立図書館新館、１９９４年）など斬新な建造物も創られ続けるのであろう。

フランスには、歴史的建造物が馴染む景観がある一方で、斬新な建築が立ち並ぶ再開発地域もある。「考え」は「形」に現れる。この目に見える景色は、明確な国家の意志があり、それが都市計画をはじめ、ＡＢＦやＣＡＵＥ等として社会の仕組みに織り込まれている結果である。

**景観はその時代を生きた人々の考えを映す**

フランスの小さな町で、建築や都市計画部門に従事して36年になるという方に会った。ある調査でヘリコプターに乗って、上空から自分の住む町を眺めたときのことを話してくれた。

「空から見た自分が景観を守る町はほんとうにきれいだった」

感極まった様子でそう語った。彼らの職人気質、仕事に対して抱いている責務と自負に驚くと共に、圧倒された。彼の目に映った景観は、まさに彼の生きた証である。そして建築、それが連なる景観とは、その時代を生きた人々の考えを映す。

我が国は、働く人の大部分が、いわゆるサラリーマンという、特異な社会構造を高度経済成長期からバブル期まで作ってきたようにも思う。エコノミックアニマル等と批判されながらも、一時《いっとき》、その効率を評価されたのかもしれない。そして、他人と同じように処していれば、なんとなく生きていけた、緩やかな側面もあったと思う。しかし、それも終焉し、時代の変化に柔軟に対応できない非効率な社会システムが残り、さらに大事な日本人としての考えや気質さえも見失ってきたようにも思う。

作家の塩野七生氏は、国家は、経済大国から、政治大国へ、そして文化大国に成熟するのが理想と言う。我が国は、実はどの大国にも到達していないのではないか。

ヨーロッパの先進国は「文化は国家戦略」だと思っている節もある。ヨーロッパで調査をしている時に、筆者は、現地の官僚から「日本は、自国の文化を何の戦略もなく輸出する」と言われたこともあった。世界中に広大な植民地を展開した旧宗主国にとって、いわゆる国際化とは、他国に理解を示し、異文化を包容するだけでなく、むしろ自国の考え、文化を世界に広めることである。日本は、他国も羨望する資源、技能、伝統、文化、そして世界も一目置く長い歴史を持ちながら、大盤振る舞いをして空回りを続けているように見える。今の日本の現状は、外から眺めても「不思議」としか言いようがない。

明治維新以降、我が国は欧米を真似て、追いかけてきた。新しいもの、効率が良く、経済性が高いと数値で評価できるものこそが良いと信じてきたのかもしれない。

ところが、ふと我に返ると、お手本にして来たはずのヨーロッパには、数では表せない大事なものが、全部、残されている。それどころか、瓦礫の山を元の歴史的建造物に戻すような再建にも必死だ。不便でも、効率が悪くても、お金にならなくても、守るべきものを、彼らは見失っていない。そして人の経験に重きを置き、職人の技能も否定せずに、逆に、それを現代の社会制度に位置づけ、守り、発展させようとしている。

町の真ん中では、古い建造物が市庁舎や教会として使われ、郊外へ行けば、伝統的な造りの家に人が住んでいる。彼らは、大事なモノは、何も失っていない。この歴史を語る遺構を、過去のものとせず、今も使い続ける。彼ら自身が日常的な空間の一部とするだけでなく、これを真っ先に見に行くのは旅行者であり、我々日本人である。

長い歴史と文化を持つ先進国の中でも、現代日本ほど、大工を始めとする職人を社会の表舞台から裏へ追いやった国もない。職人の技能だけではない、近代科学や市場経済の理屈だけでは、うまく説明できない価値を、結果的に、これだけ壊してしまった先進国も他に見ない。その結果、我々自身も数値や金銭で評価され、苦い思いをしているのではなかろうか。

## グローバル化とは、自分が世界に打って出ること

筆者が海外へ出て学び、研究して、いつも思うのは我が国のことである。日本ほど素晴らしい国はないと思う。抜群の治安の良さ、秩序、交通機関の正確さ、清潔さ、人々の礼儀正しさと親切さ、相手を思いやる心等々。

帰国すると、この当たり前に安堵する。海外でこの「日本の不思議」について尋ねられ、説明する機会も多くなった。そして筆者自身も日本人というだけで、海外で会う方々に、道行く人々に、どれだけ信頼されるか分からない。ご存じの通り、日本のパスポートへの信頼度は世界最強である。

また、この日本の素晴らしさが、我が国の「強さ」だからこそ、現代において犠牲にされているとも思い、大事にしなければならないと改めて思う。

本書では分かりやすく説明するために、参考として海外の例を多数紹介している。し

かし欧米のような国家、社会が目標だとは、筆者は思っていない。自己主張が強く、何かあったら訴える、契約でつながれた社会と、少し前の日本のように、自分よりまず相手を重んじ、人との信頼で結ばれた社会の、どちらが人として成熟した社会なのかと思うこともある。日本人は、自分より人のために頑張れる珍しい民族だとも思う。

そしてこの日本人の気質や感性が、世界でも高く評価され求められていると思う。日本には、ヨーロッパにも劣らぬ歴史と文化、技能があり、それが世界的にも独特である。これはグローバル化が進む世界で最強の武器でもある。

ヨーロッパ大陸は、つい最近まで血で血を洗った大陸である。過去の「争い」が、今は「話し合い」というか、近年は「言い争い」に姿を変えている。ヨーロッパで民主主義が育ち、政治が発達したのも分かる気がする。そうでないと、戦いになりそうだ。

最近ヨーロッパでは、社会が不安定化し、人々の生活も困窮して難しい課題を抱えている。彼らが日々直面する問題を目の当たりにして、日本ほど治めやすい国もないだろうと思う。本書で取り上げている問題は、海外から押しつけられたものでもなく、往々にして日本人自らが作った社会制度の制度疲労の問題である。自分で作ったのだから、自分で考えて、自分で変えればいい。

今にも消え入りそうな日本各地の伝統や文化には、世界的価値がある。その最たるものに、木をめぐる産業がある。日本人のアイデンティティを世界に打ちだすべき時代が来ている。これがグローバルなセンスだと思う。

日本列島は、森林資源に溢れ、それを扱う技能、そして世界に誇る文化がある。これをどうするのか、これからどういう社会の仕組みを設計していくか、どういう地域社会を描いていくか、その答えは、我々一人一人が考え、創り出していくものである。現代の問題を解く鍵は、自国の長い歴史や文化、そして日本人としての考えや気質にある。まずは自分自身に問うことであろう。

# 第３章　山麓の小さな製材所が持つ大きな可能性

## 山中へ通じる道はタイムスリップへの道

最近は、山中にもかなり道が整備されたため、作業現場の近くまで車で行けるようになった。頻繁にやってくるピンカーブに車中で身体をよじらせ、ようやくのこと現場付近まで到達する。欧米で林業の現場へ車を飛ばしても、この身体の振られ方は、あまり経験できない。

日本の山中では身体だけではなく時間も振られる。車内では伐採師が、「ここは藤原氏一党が都から逃れてきた集落だ」と本当だか冗談だか分からない話をする。ハンドルを握る林業家が、「うちの祖先は外様大名が江戸へ送った密使かもしれない」と言う。山中へ通じる道は、タイムスリップへの道である。

山奥へ進むと、ある地点から目に入る風景も昭和で時計の針を止めている。そこには必ずと言っていいほど、うち捨てられた製材所が現れるのだ。作業現場に近づく道のりで、開発されて都市化が進んだのは、国土のごく一部であることに気づく。

知人に数千ヘクタールの山林所有者がいる。所有林の中には、ここ100年ほど手つかずの山林があるそうだ。つまり約1世紀、ほとんど誰も立ち入ったことがない。100年とは言わないまでも、長い間人が入らなくなった山林は多い。こういった山林に通じる長い道のりに、昭和が時を止めて点在している。

国が進めている製材加工業の大規模集約化を評価する向きもある。統計に残る1960年には、製材工場数は2万4229とある。それが2019年には4382と、約5分の1以下にまで減る。とりわけ激減したのは、中小の製材所である。多くは山村やその近くにある、またはあったはずだ。

仕方がないではないか。大型化、効率化は時代の必然だ――そう思われるかもしれない。しかし、大型施設に大量に木を集めて、絶え間なく製材、加工を回していくためには、アクセスがよく、それなりの平地《ひらち》も必要である。製材業に限らず、大規模集約化は、山村の生業《なりわい》には馴染みにくい。むやみに大規模集約化を推し進めれば、製材という仕事も山村を出て行く。山村から、また仕事がなくなっていく。製材業は、山村にある数少ない産業である。過疎化に拍車がかかる。

木材資源は国内に、そして人の住む山村の近くにある。日本の資源としては珍しい存在だ。山林は過疎に悩む地域に寄り添う資源なのである。山村は資源も産業も、そして生活も身近で、互いの関係が近い。この条件を活かさない手はない。

こういう製材所は、買い手の細やかな注文に応じることができる。バラエティに富んだニーズに、大量生産の工場は向いていない。手の込んだ少量多品目に対応力を発揮するのは中小の製材所のほうだ。製品一つ一つの量は少なくても付加価値は高い。山村で少人数の人が働くにはとても向いた仕事でもある。逆に大規模集約化を良しとする企業には難しいだろう。

**高い木が売れなくなった**

丸太は品質によってA、B、C、D材に分けられる。A材は製材に、B材は集成材やCLT、合板の材料に、C材はチップ用などである（CLTなどの用語の説明は後述する）。D材は林地残材などで、これまではそのまま山に置いてきた資源で、今なら再生可能エネルギーの燃料用である。価格は当然、A材が一番高く、順に値段が下がる。

集成材とは、一定の大きさの小片に切り揃えた木を接着剤で貼り合わせて、長さと幅のある材料に加工したものである。木1本から、そのまま柱や梁が取れなくても、小片さえ取れれば、それらを集めて、大きな材料を作ることができる。

CLTとはクロス・ラミネーティッド・ティンバー（Cross-Laminated-Timber）の頭文字を取ったもので、集成材と似た製品である。集成材は、切り分けた木材の繊維の方向を「同じ向き」に揃えて接着して作るのに対し、CLTは、切り分けた木材の繊維の方向を交互に「直交」させ、接着して作る。最近、海外から入ってきたものである。

合板は、大根を桂剝《かつらむ》きする要領で、木の外側から薄い板を切り取り、それによりできた薄い板（ベニア）を、その繊維方向を交互に直交させて重ね、接着剤で貼り合わせて作る。ベニアは正確に言うと合板ではなく、それを構成する薄い板の方である。もちろん集成材や合板もなくてはならない建築材料だ。木1本の大きさには限度があり、また個体差もあり、材質も均一ではない。集成材やCLT、合板は、個々バラツキのある木の性質を平準化し、自然の木では難しい長さや幅の製品を作り出す。また立木からA材ばかり取れるわけではない、B材もC材も使う先があるのは重要である。しかし今の日本林業の問題はA材が売れないことである。増えているのは、B材以下の需要ばかり。

実はこのＡ材の製材を得意とするのが、激減している中小の製材所である。一方、Ｂ材にあたる集成材やＣＬＴ、合板などの製材は、大型工場に軍配が上がる。Ｂ材以下は、政策の誘導で、新しくできた大型工場が大量に消費し始めた。住宅の工業製品化が進み、またＡ材を求める木造が規制等で建築が難しい状態が続き、それを挽いていた中小の製材所も激減している。

さらに懸念されるのは、本来Ａ材として売るべき丸太も、Ｂ材として売らざるを得ない状況が発生していることだ。同様にＢ材をＣ材で、Ｃ材をＤ材で、という具合に値段が下がり、用材になるはずの丸太が、そのままバイオマスのエネルギープラントに流れ出している。バイオマスのプラントでは、残ったＤ材を消費するのが本来の姿である。バイオマスの再生可能エネルギー利用は、これまで売れなかった木の残りを使うことに意味がある。しかしもっと高く売るべき丸太まで消費しはじめ、丸太全体の価格が下がってきた地域もある。ある県庁の担当者は「まずいことになった」ともらしていた。

建築用材をエネルギー利用に回していたらお金にならないだろう、と思うかもしれない。しかし山から木を伐り出す仕事に補助金が下り、売る際にはＦＩＴ（フィット）をもとにした金額が支払われる。ＦＩＴとはFeed-In Tariffの頭文字を取ったもので、エネルギーの固定価格買取制度を意味する。再生可能エネルギーで発電した電力を、電力会社が一定の値段で買い取ることを定めたもので、バイオマス発電から得られる電力も対象となる。日本では電力会社が買い取る費用を、我々消費者が「再エネ賦課金」として負担している。

最近、山林所有者になった方が「1年に7000万円の補助金をもらい、伐った木の多くをバイオマスのプラントに運んでいる」と言っていた。A材やB材の売り方も知らず、売り先も持たないようだった。これでは補助金を使った資源の切り売りに近い。

政策に関わる人の中にも、この問題点に気づいている人がいる。

「上（上司・上層部）の頭には、製材業について大規模集約化しかない。しかし中小の製材業が大事だ。あなたの口から言ってくれ」

こう言われたこともある。政策も分かり易い数値が取れる方に動く傾向があるため、どうしても大規模化を是とする傾向があるのだ。

外からの「新しい」事業に傾倒し、昔からの「古い」事業の発展を蔑《ないがし》ろにするのは、日本的であるとも思う。「新しい」事業は、予算も取りやすい。CLTもバイオマスも、日本林業にとっては外から来た「新しい」事業である。持続性を得ようとするならば、どちらも必要で、共存できるよう制度を工夫することが求められる。そして、むしろ外からではなく内から、みずから成長する産業に持続的な将来性がある。外からすげ替えたところで、一時を凌いだだけになりかねない。「これまで」を粘り強く明日へと成長させることが重要だ。

## 木には「表」と「裏」もある

A材を挽く製材所には、それ相応の技能者がいる。彼らは、ただの丸太を見て、その木が山に立っていた状態が分かる。個々の木の性質が生きるよう鋸（刃）を入れることができる。彼らが製材の要《かなめ》を握る。

たとえば、木には「末」と「元」、「背」と「腹」、「表」と「裏」がある。末とは梢方向、元とは木の根に近い方をいう。柱にする時は、末、つまり梢を上にする。

山の斜面に育つ木は、一般的に谷に向かって胸を張るような形で反っている。この木が凸になっている方を「背」、反対の凹側を「腹」という。家に組み上げる時には、使う部位に応じ、木のどちらが「背」か「腹」か、見分けて組む。棟梁は家が次第に締まっていくように、木同士を組んでいく。

木の「表」と「裏」とは何か。立木の時に木の芯に近かった方を「木裏」、樹皮に向いていた方を「木表」という。フローリングなどに無垢材を用いる時には、人の素足が触れる側に「木表」側を使う。和室の敷居や鴨居（開口部の上に渡る材で、障子や襖、戸を開けたり、閉めたり動かすための溝が付いている部材）に、この木表と木裏を間違えて入れていると、戸が閉まらなくなることがある。木の反り方が違うからである。敷居、鴨居ともに、人が触れる室内側に木表を向ける。

製材所では木の背と腹を見分けて製材する。受け取った棟梁も、個々の木材により違う性質を組み合わせ、一つの構造体を創り上げる。もちろんこの木造は木を組み上げて出来る「伝統木造」、もしくはそれに近い木造であり、主に木質系の工業製品で構成される現在一般的な「在来木造」ではない。「在来木造」の接合は、金属や接着剤が多く使われる。大型工場では、木の末も元も、背も腹も関係なく、ラインに流していく。中小の製材所のように、一本一本、人が木を見て、木の方向を変える余裕などない。

## 小さな山村の恵まれた条件

過疎とされる地域は、人口密度が低いだけではなく、何につけても分母が小さい。このため分子に「大きさ」を求めなくて良いだろう。つまりスケールメリットがものを言う大きな産業は必ずしも必要ではないのだ。何事も大きくなくても、元気になれる。

山村の恵まれた条件を生かして、何が相応しいか、何ができるかを考える必要がある。小さな役場では、一人で何役もこなし、部署も横断して対応する。このため発想も柔軟である。意志決定も早く、機敏で機動力もある。個々のアイディアを活かすチャンスもあり、実現も早い。この恵まれた条件を活かす方向で制度に工夫を凝らすべきだろう。

木を扱う産業は、我が国に長く続く文化や伝統、その技能に直結している。そして地域毎に特色がある。つまり自然に差別化を図りやすいはずである。差別化は、競争力につながる。日本にいては、日本の良さが、なかなか意識しづらいのかもしれない。しかし、すでにある条件を活かして地域産業を発展させることに持続性が期待できる。CLTなど、海外のモノを取り入れるのもいい。しかし、バランスを見失わず、まずは我が国に「答え」を求めたいものだ。

それに、安く、早く、大量にというスケールメリットを武器とする生産は、すでに時代遅れではないか。こうした発想から脱皮しきれない組織は、大企業であっても苦戦を強いられていると思う。今更、他産業の後追いをして何になる。失敗を繰り返し、過疎に頭を悩ませている地域から、これ以上、産業を奪ってはならない。

そもそも都市の価値観と競合させようとするから「過疎」であって、農山村からみれば、都市部は「過密」なだけである。学生は好んでよく山村へ行く。彼らは、自分の住む都市部より、山村の方が余程豊かだと思っている。都市では実現しない資源と産業の関係、その生活に魅力を感じている。

## 欧州の家族経営企業

日本林業と比べると、欧州の林業は、畑で木を栽培しているようなものである、北欧の林業も製材業も、ダイナミックでスピードも早い。しかしその欧州では、林業機械の開発と製造を、秒単位を争う日本の自動車メーカーのようなやり方では製造していない。ヨーロッパの林業機械は、大きくて重い機械であっても、家内制手工業のような企業体で作られているものが多い。それでも日本を含めて世界中に製品を納めている。

日本では大型の林業機械はもっぱら輸入に頼っている。我が国で目立って技術開発が行われないのは、技術の問題というより、現在の日本の社会構造が、林業機械の開発と製造に向いていないからではないか。林業機械は「安く、早く、大量に製造して、売らなければならない」という生産ラインに乗せるのは難しいからだ。

オーストリアでは、林業も、そこから木を運ぶ運送業も家族経営が多い。何事も大きくし過ぎないことが粘り強い持続性に繋がっているのかもしれない。筆者はこういう家族経営の会社を何社も訪ね、調査した。自宅や現場近くにある会社そのものが木造で、伝統的な民家であったりもした。

そして小規模経営や個人事業者が集まる組合、共同体のような組織も、うまく機能している。森林、林業に関する組合が複数あり、仕事に便利なアプリの提供、マーケティング、木の売買まで多くの役目を担っている。いざという時のセーフティネットも効いているようだ。

そして、この手の小さな企業では、社員にあれこれ指図せず各自に仕事を選ばせ、任せている点を強調していた。大事なのは、個々の社員の主体性とモチベーション、これが高いパフォーマンスを維持している。

それぞれ国により、大規模集約化が功を奏す業種、そうでない業種がある。また大規模集約化を進めながらも、中小との共存を担保し、粘り強い持続性を図ることも重要であろう。

## 誰のための制度だろう

日本に話を戻そう。中小の製材所も減り、A材も売れなくなっていく。自由競争による淘汰なのか、制度設計の失敗か、分からない側面がある。

政策の誘導で、全国各地に大型工場が建設されたことは書いた。そして木材のJAS規格（日本農林規格 Japanese Agricultural Standard）も、大型工場にマッチした制度だ。

JAS規格を取得しなければ、製材品や木質材料は公共建築物に使ってもらえない。また、JAS材を使った住宅には優遇制度もある。たしかにJAS規格によって品質が標準化されて、消費者が安心して使用できる面はある。しかし木に関するJAS制度は、同じものを大量に生産する工場に向いている。少量多品目、それも無垢材を得意とする中小の製材所には向いていない、つまり中小は不利になる。

省庁の担当者曰く、本来、木材のJAS制度はISO（国際標準化機構 International Orgization for Standardization）と同様、「生産システム」を認定する制度なのだ、と。

しかしJAS規格の認定を取ろうとすると、製材品の断面が正方形か、長方形か、その細かな違い毎に料金を払わなければならない。それを挽く製材機は同じにもかかわらず。ＪＡＳの認定を取ると、その後は更新のために、また料金を払わなくてはならない。従業員一人分の人件費に相当する負担になることもあるそうだ。中小の製材所にとっては、自社で検査機関の人員を雇用している負担にもなる。

例えば、集成材や合板などは工場で製造される製品であり、種類の少ない製品を量産し、自動化も進んでいる。自前で検査の機械も備え付けているだろうし、日々の検査なども必須だろう。ＪＡＳ規格の認定を取得し、それを維持するのにふさわしい業態である。

しかし中小の製材所では、技能者が製材機のそばについていて、一つ一つの木の特性を見ながら挽く。少量多品目で、多種多様な製品を揃えることが彼らの特長であり、それが大型工場との差別化を図れる点でもある。そういう中小の製材所に、杉だ、檜だ、正角だ、平角だ、そして機械等級か、目視等級かで、かけ算式に、ＪＡＳ規格の料金を徴収するのは、いかがなものだろうか。また料金が高く、認定を維持する更新ができないとなれば、出荷毎に検査を受けることになる。しかし5、6本といった少量を出荷する中小製材所では、その検査のために同数を納めなければならないこともある。その場合にはＪＡＳ規格があるために、コストは倍になる。

地場の木材を振興するため、地方公共団体レベルでも、木材を認証する制度を持っている。本質的にはＪＡＳ規格と変わらない。しかしその手数料は、1年で10万円ぐらいに押さえられている。それが現実的で実効性のある金額だからである。これに対して、現在のＪＡＳ規格の認定料は高すぎる。省庁の担当者からＪＡＳ規格の検査機関はボランティアではないため、料金を下げるわけにはいかない、という回答も聞いた。一体、誰のための制度なのだろうか。

## 制度設計への工夫

ＪＡＳ制度を設計し直すことにより、中小の製材所には大きなチャンスが生まれる。中小の製材所が挽いているのは、木の持つ性質を、十分に活かそうとする製材品であり、このため付加価値も高いことはすでに述べた。当然、山に還るお金も多い。中小の製材所は、日本林業が誇る木を材に仕上げる所である。林業の活性化に繋がる。山村の仕事が活気を帯び、経済が潤うことに繋がっていく。

こうした製材所は、地元の若者のみならず、Ｕターン者やＩターン者に職場を提供し、地域社会の顔として、多面的な役目を果たしてきた。ＪＡＳ制度は、これら中小の製材所にも有益性を感じられるものにし、中小の振興につながる工夫が求められる。

製材所の規模にかかわらず、ＪＡＳ規格の認定取得と保持が、もっと現実的なものになれば、中小からも大型物件に木材を納め易くなる。1社で1度に大量に捌けない中小の製材所が、同じＪＡＳ材として、共同で集めて、納めることもできる。構造計算をするためには、強度が分かっているＪＡＳ材の方が扱いやすい。このため多くの人が利用する建築では木材はＪＡＳ材が条件になることが多い。このような建築物件は、それなりの価格の木材を売る機会となる。これがまた同時にＪＡＳ材の普及にも繋がっていく。

さらに言えば、公共事業においては、木材の発注と納期に、もう少し時間の余裕を持たせることだ。公共事業は、何事も単年度で片付けようとする。しかし無垢材を工業製品のように納めることは難しい。制度は硬直的なものではなく、柔軟に変えていくものである。行政の都合ではなく、現場の都合で制度を見直して行けば、状況は変わってくる。

## 「予算獲得」ではなく「問題解決」へ

ＪＡＳ制度について内閣府の規制改革推進会議で議論したことがある。その時、担当官庁は、ＪＡＳ材の流通を増やすべく大型予算を計上していると説明した。

しかし、必要なのは「予算獲得」ではない。繰り返すが、林業は自立した「産業」であるべきだ。そうならば、行政の手を離れて、自分で意志決定し、リスクをとって稼ぎ、力強く自立した「産業」に再生するよう、制度設計に工夫を凝らすべきである。「予算獲得」は、多くの場合、行政の干渉を意味してきた。予算の拡大、それは、すなわち担当官庁の権益の拡大を意味する場合がほとんどである。産業として自立させ、成長を目指すなら、予算獲得ではなく、現場が困っている問題を解決するため、交渉や調整をしたり、規制や制度を変えていったりすることであろう。

そして林業の補助金は往々にして「人に何かをさせる」ためのもの、または「させられている方は、言われたことをやっているだけ」という状態に陥る。これでは失敗しても他人事として片付けられ、失敗した経験さえも生きてこない。

補助金は現場を受け身にさせ、常識的な人でさえ、今もらえる補助金を頂戴することに邁進し、そのお金の使い方に自分の考えを奪われ、そして年度内に補助金を使い切ることに消耗する。

本来、現場から行政に要請し、行政側は補助の金額や内容をプロフェッショナルとして査定するだけでいいはずだ。現在ベクトルの向きも逆になっている。

また補助金を受け取り、その指示に従うことで、相互関係ができるのではない。人に何かをさせることを考えるのではなく、まず今の自分にできることは何か、自分の立場でしなければならないことは何か、それが先だろう。それぞれが置かれた立場において「その人が成し得たこと」を尊敬し、そして人が「自分にしてくれたこと」に感謝する、それが自分にできないことならば、なおさらである。そこに信頼が生まれ、立場の違う者達の間で、本質的な意思疎通が始まるのではないか。

# 第4章　誰のためのバイオマス発電か

## 大変な時代が来た

今でも宮大工は塔を建てる。彼らは山に入って立木から選ぶか、原木市場へ行き自分の目で確かめて原木を買い付ける。

還暦を過ぎたある宮大工が「大変な時代が来た」と言って教えてくれた。原木市場に木材を買い付けに行ったら、建築用材となるはずの丸太が、トラックごとバイオマスプラントへ直行するのを見たそうだ。政策を決めた側は、「用材になるはずの丸太が、バイオマスプラントに運ばれるなんてことはあり得ない」と言う。しかし紙の上のルールで現実を縛ることはできない。用材となるべき丸太がバイオマスプラントへ運ばれていく。各地の現場は、それを目の当たりにしている。

バイオマスとは生物体（bio）の量（mass）を意味し、一般的には利用する生物資源そのもの、または材料や燃料として利用することを意味する。木材など生物資源を燃料にしてエネルギーを作るのがバイオマスプラントである。補足すると、一般的にはエネルギーを作るのに使うバイオマスには、建設現場で出る廃材、生ゴミ、家畜排泄物などもある。ただし、以下、本書ではバイオマスは木由来の有機物として話を進める。

なぜ丸太のバイオマスプラント直行が業界で問題視されるのか。木は魚のように身からアラまで、無駄なく使うことで資源全体の価値を上げる。こういう利用方法をカスケード利用と呼ぶ。簡単に言えば、木を適材適所に使い分け、資源を無駄なくすべて使っていくことだ。木の良い所から建築や家具の材料に使い、見た目の悪い木は、建築でも人の目につかない所に使ったりする。そして少々曲がっていたりして、必要な長さが取れないものは、集成材やCLT、合板を構成する材料等にする。最後に、もう形を取ることができない残りを、紙の原料やエネルギー源に使う。燃料にして燃やす木も、カスケード利用の中に位置付けられていることが大前提である。

A、B、C、D材でいうD材には、林地残材《りんちざんざい》も含まれる。根元の部分（通称タンコロ）や梢、曲がった部分、伐り倒した後、山中に置きっぱなしにしていた木（これを伐り捨て間伐という）などがこれにあたる。これらをバイオマスに回すなら意味がある。木1

本の、そして山林全体の価値を上げてくれる、このような使い方ならば、有意義である。

しかしD材より上質の木材を燃やし始め、これまでB材、C材を使っていた業種と取り合いになっている地域がある。それどころか実態としては、A材まで手が伸びている。すでに2015年には「丸太争奪戦、バイオマス発電急増で、紙・住宅向けを『侵食』」(日本経済新聞2015年8月8日夕刊)という記事が出ている。この時点で、製紙会社や製材所との原料争奪が激しくなっていることが分かっており、用材まで消費し始めることは、予想がついていた事態である。

木の単価は、家具や建築用材が一番高く、次第に下がっていく。粉々にする木が一番安い。刺身でも十分に美味しい魚を、濃い味付けが必要なアラ同等の安い値段で叩き売っていることになる、せっかくの建築用材を粉々にする燃料として叩き売れば、一時的に現金は稼げるかもしれない、建築用材の需要がないからという人もいる。しかし、それでは今を凌げたとしても、山林も山村も疲弊に向かい、将来への持続性は得られない。

用材となる木は、植えるにも、育てるにも、伐り出すにも技能がいる。きちんと用材として売れれば、育てた技術や山林にも正当な対価が払われる。山の麓に住む人々の仕事と家族の生活が守られる。それで次の世代の木を山に植えることができる。このサイクルが回れば、林業や製材業が将来へと発展していく。

しかしバイオマスに使う木は粉々にするのだから、質は問わず、取引価格は安い。バイオマス利用だけでは、再造林などあり得ない。どこの木を、どう伐り出そうと、コストが安いのが一番。このような価格帯の低い木ばかりの流通量が増えれば、木材価格全体が下がり始める。さらに立木を植えて育てて収穫する技能まで損なわれ、国土保全も覚束なくなる。

## バイオマスは「小規模分散型エネルギーの源」

バイオマスとは、生物由来の有機物であると述べた。もちろん化石燃料（石炭、石油、天然ガス等）も、同じ生物由来の有機物である。両方とも有機物、つまり基本的に炭素と水素の化合物である。しかし後者は何億年もかけて、化石化したもの。双方の違いは、生きている資源を収穫したものか、既に死骸となった資源を採掘したものか、である。

既に死んでいる「化石燃料」に対して、現世で生きているバイオマスは、立木を筆頭に、我々が生活する空間に、みずみずしく、バラバラに存在している。丸太や木の枝葉を想像してもらえば分かるように、水分が多く、燃やしたところでエネルギー密度も低い。その前段で、集めて、運び、乾燥させ、燃料にするまでに大変な労力もいる。さらに日本の山林は急峻な山岳地帯にあり、一気に大量に集めることも難しい。化石燃料のように、ある所に堆積しており、まとまって取れる資源ではない。日本のバイオマスは、大規模集約型ではなく、小規模分散型のエネルギー源である。余程、条件が揃わない限り、大規模集約化は難しい。

国産の木材が主たるバイオマスのエネルギー利用は、カスケード利用の中に位置付けられている必要があることはすでに述べた。さらに言えば、燃料化は山林の近くで行うことが望ましい。日本林業で一番コストをつり上げるのは、木を運ぶ作業である。木は動かす毎にお金がかかる。このため山村の製材所、またその近くも良い立地である。製材所ならば、製材した後の残り物、つまり燃料にすべき資源が敷地内に積み上がっている。

## なぜ日本ではバイオマスがうまくいかないのか

製材所に山と積まれて外気にさらされている、大鋸屑《おがくず》ならまだしも、日本の杉そのものをいきなりエネルギーに利用することは、相当工夫しなければ難しい。それはかなり前から、政策を作った側にすら実感があった。

何年も前、「バイオマス」という言葉が、まだ世間を賑わせていない頃に、山奥の宿舎で、ある省庁の元高官にバッタリ出くわしたことがある。出会い頭に「なぜ日本ではバイオマス（のエネルギー利用）がうまくいかないのだろう」と質問されたことがあった。「当たり前でしょう」と即答して以下のような理由を述べた。

欧州大陸のコピーが、日本列島で通用するわけがない。自然環境も生活様式も、そして木自体が異なる。

木材の性質をはかる基準の一つが含水率である。分母にカリカリに乾燥させた状態（絶乾状態）の木の重さを取り、分子に乾燥前に含まれていた水分を取る。この含水率が、日本の杉では200％を超えることがある。

含水率は、立木のコアの部分（心材）と樹皮に近い部分（辺材）でも違う。杉の心材は50％～200％、辺材は150％～250％程度である。杉の中に大量に、しかも偏在する水分を飛ばすことが、いかに大変かは想像に難くない。初夏の日本の山林、それも谷ともなれば、若葉も木々も空気さえもみずみずしい。

一方、高温多湿の日本とは打って変わり、ヨーロッパは森の中もカラッとしている。

ドイツの森もフランスの森も湿度が低いようで、筆者が日本から持っていた湿度計で測るとエラー表示が出た。

ヨーロッパの森は、ひとたび火が付けば「炎の海」と化す。異常気象も手伝い、2018年、スウェーデンは観測史上、もっとも干上がった。全土で火の手が上がった。リトアニア、デンマーク、ポーランド、ドイツ、フランス、オーストリア、イタリア、そしてポルトガルまでも消火の応援に駆けつけたという。日本でも森林火災ならぬ、「山火事」は発生している。しかし、野を焼き尽くすように燃えたりはしない。

2012年の春、筆者らは、立木を伐り倒すマニピュレータ（機械システムの一種）を山に運んで実験していた。なかなかうまくいかず、切削実験を繰り返していた。その時、木から煙ではなく、蒸気があがったことがある。木の中からはセメントミルク（セメントと水を混ぜたドロドロの物質）のようなものが出てきた。

この目の前にある杉を丸太ごと燃焼化（チップやペレットに）するにせよ、乾燥させて燃やし、タービンを回して電力だけ作ろうなんて発想には無理がある。

日本も昔、薪炭利用《しんたんりよう》をしていた。要するに薪や炭を燃料にしていたのだ。しかし、かつての薪炭利用の多くは杉ではなく、広葉樹であった。

日本に今、増え続けているのは針葉樹、とくに杉である。現代の製材業においても、杉の乾燥に苦戦している。エネルギーを取るためには、水分たっぷりの杉を乾燥させなければならない。

葉枯《はが》らし乾燥と言って、木を切ってから山に寝かせて、木から水分を蒸散させる手法もある（ちなみに、檜は色が変わることがあり、葉枯らし乾燥はしない）。

林業従事者は、いい材を作るために手間をかけ、長らく寝かせもする。しかし今日的《こんにち》なビジネスは、とにかく早く安く大量に回さなければならない。バイオマス発電では、そんな悠長なことはしていられない。

「杉でやっている所は、木を乾燥させるところから苦戦しているようだ。しかもそのために必要なエネルギーも、バイオマスでとっている」

ある林業関係の技術者は、話す先から苦笑いしていた。日本の杉を乾かす難しさを知っているからである。その彼がプラントで使っているのは、杉ではなく、落葉松《からまつ》である。施設も落葉松の生えるところにある。松は含水率もそこそこ（落葉松は心材で40～50％、辺材で120～150％程度）で、昔から松明《たいまつ》にも使われてきた。

本来、エネルギー利用には、木といえども、林地残材や製材などの後に出てきた残り滓を回すものだ。理想を言えば、火力を得るには広葉樹が良い。しかし欧州の製材所で、うずたかく積み上がった木くずを見る限り、この状態からならばそれほど樹種に拘ることもないだろうとも思う。

ところが日本では、技術者が苦笑するように、水気をたっぷり蓄えた状態で、木がプラントに運ばれている。日本の資源の性質や分布状況から考えられたエネルギー利用ではなく、そもそも推定された総量で計画を立てている。

杉のエネルギー利用も、技術の進歩と機器の調整いかんでは、無理な話ではない。発生する熱も使い（発電の際に発生する温水も利用して）、全体の効率を確保するならまだ意味はある。しかし電力だけで効率を上げようとすれば、大型の施設が必要とされる。そこで必要になる大量の木の乾燥に大量のエネルギーを使い、さらに発電で発生する大量の熱を捨てることになる。これで環境に良いと言えるのか。

## ヨーロッパの冬を暖める温水

そもそもヨーロッパではバイオマスで得た温水の「熱」を使うインフラが既にある程度存在している。

筆者が留学していたドイツやフランスでは温水の管が建物に通っていた。外気温零下のドイツでは、輻射暖房がこれほどまでに室温を上げるのかと驚いた。室内では半袖で過ごせる。

私たち日本人は再生可能エネルギーというと電力を想起する。しかしヨーロッパでは、もともと熱の需要が大きく、バイオマスから得るエネルギーは、電力というより熱の利用、温水を使うことに意味がある。現時点のバイオマスのエネルギー利用も、発電単独では効率が悪過ぎるため、それだけでは存在意義に疑問が出てくる。

このように発電の過程で生じる熱を同時に利用することをコジェネ（コージェネレーション）と呼ぶ。一つのエネルギー源から電力と熱を使えれば、効率は上がる。エネルギー密度が低いバイオマスでも、電力と熱を利用できれば、それなりに自立した持続的な事業になるだろう。

ヨーロッパでは、温水を作る熱源をバイオマスに変えても、建物内の温水の管は、ほぼそのまま使える。なお、プラントから熱（温水）を建物に届ける管は、新しく敷設することが多いようだ。

ちなみに、ドイツ版ＦＩＴ（再生可能エネルギーの固定価格買取制度）では電力と一緒に熱も利用しないと、買取の対象にはならない。

日本の買取制度では再生可能エネルギーで発電した電力を、電力会社が一定の値段で買い取ることになっている。その電力会社が買い取る費用は、我々消費者が「再エネ賦課金」として負担している。しかし制度が大雑把なので、何が本来の目的だったのか分からなくなっている。

たとえばオーストリアでは電力を買い取る条件として、総合効率の高さを挙げている。電力供給だけでは、効率は3、4割と半分に満たず、買取の対象にならない。しかし電力と共に熱も供給できるシステムであれば、効率は80、90％になり、買取対象になる。

総合効率を条件にするのは、再生可能エネルギーは、環境や地域に優しいとはいえ、電力だけ供給するのでは本来の目的を達成するのは難しく、熱も一緒に供給しないと再生可能エネルギーとして評価はできない、ということである。しかも電力と熱を併給するプラントでさえ、施設が大き過ぎると無理が生じるため、オーストリアのあちこちで運転停止になっていた。筆者も、稼働停止中のプラントの中に入って見学してきた。

また、あるドイツの製材所では、製材後に出る残りをバイオマスとして有効利用して、近くの病院に温水を送っていた。病院で使う温水を作る燃料を重油からバイオマスに換えたのだ。さらなる配管を敷設中で、近くの集落にも熱（温水）を供給する。

昔から暖房などに使っている温水の熱源を、化石燃料からバイオマスに転換できれば、意味は大きい。製材所では日々たくさんの木が伐り出されて、挽かれ、何も言わなくても大量の木くずが発生している。ある程度、乾燥も進んだ、この残りモノに価値がつく。

この製材所では「今のところ、電力の方は売電した方が高いので売っている」とのことだった。当初の目的の本質を理解し、みな共有している。ドイツではＦＩＴ終了後も、意味ある事業は継続されるだろう。

## エネルギーを使う現場から考える

日本でも、将来に続く本質的な事業を考えるためには、エネルギーを使う現場から考える必要がある。温水を有効利用するためには規模は大きくできず、プラントを大型化できない。大型施設から発生する温水の量が多過ぎて使い道に困るからである。この規模の問題と、木を運ぶコストを考えると、適した場所として資源のそばにある山村が思い当たる。山里の村や町に中小の熱（温水）併給発電所を作るのならば、まだ意味がありそうだ。

うまくいけば山の麓にある小さな町では、これまで外から調達していたエネルギーを自前である程度調達できるようになる。コジェネによる温水供給は地域のインフラとなりえるだろう。これまで外注してきた諸々の仕事が、町の中でできれば、雇用も生まれ、町の経済も多少潤う。先に述べたＪＡＳに関わる中小製材所の話と同様である。仕事を町に呼び戻したいと考える小さな町村には、いろいろな面でインパクトがあるだろう。

ただし、実態はかけ離れている。全国に大型プラントが次々できる。大型のバイオマスプラントは大量の資源を必要とするため、原料を外国から輸入しているところもあるという。自然資源の輸出入は、相手国の政策や環境保護運動等にも影響を受けやすい。過去にも海外の木が突然入手困難になったことがある。外材の輸入業者は「取引相手の長期の約束なんて信用できない」と語っていた。こんな不安定な原料に電源供給を頼ること自体に不安を感じてしまう。

同じバイオマスでも、例えば椰子殻などは、海外のごみを持ってきて燃やしているのだからいいのではないかと思われるかもしれない。しかしそれも本来、その土地に還る資源だと言われれば、環境問題の引き金をひく恐れもある。

燃焼温度を上げるために石炭と混焼することもある。これでは石炭火力とほとんど変わらなくなっていく。

外材依存であった大型バイオマスプラントが、国産材を全量の１、２割必要としたとしても莫大な量になる。大型施設は資金に余裕があることから、量を集めるため、少しでも値を上げて、買い付ける可能性もある。粉々にする材はもっとも価格帯が低いため、多少値を上げても安い。その一時的に太くなった流通に、本来、もっと高い値段で売らなければならない木材が流れ始める。そうすると木材価格全体が下がり出す。同時に、地域社会に密着した中小のプラントに突然原料が入らなくなり、倒産させてしまうといった心配もされ始めた。これが本来の目的に叶ったものだろうか。

これはバイオマスに限ったことではない。無理をして木を使う必然性がなく、他の燃料や材料の方がよほど良いという使い方は、ゆくゆく何らかの無理と問題を生じる。

バイオマスの発電単独の効率は悪く、そこで採算を上げようと大型化すると、新たに別の不安や問題を引き起こしていく。無理な木の使い方は、ＦＩＴの期間内（電力を一定価格で買い取ってもらえる期間は20年）に限り、お金になるという以外に、本質的な意味を見いだすことが難しくなっていく。外材を買っても、国産材を買っても、地球環境や地域社会に対して問題を起こす可能性がある。我々から徴収されている再エネ賦課金は、何を意味しているのだろうか。このお金をもとに、バイオマスで発電した電力が買われ、その先で国内外の資源が買われている。

**自然資源の争奪へ**

ＦＩＴ終了後、どうするかは、すでに議論になっている。採算を取るのが困難だからである。先行するヨーロッパを見れば、当たり前のことだ。我が国でも当初からＦＩＴの期間だけ、儲けるだけ儲けて辞めるという業者もいる。木を伐ると補助金が貰え、売る際にはＦＩＴでお金が貰える。20年保証の官製ビジネスが出来上がってしまった。

バイオマス用の資源は、国内外ですでに足りなくなっている。プラントが立地したところでは、製材業と木の取り合いになっていると、前々から学会でも問題視されていた。電力供給という国内の既得権の争奪から、グローバルな自然資源の奪い合いに、様相が変わってきた。

数年前から四国では、本来、用材にできる質のものまで、バイオマスに使われている状況に県レベルで危機感を抱くようになっている。各地で用材となるはずの丸太が、プラントに流れないように監視が強化されているとも聞く。そもそも行政が監視を強めなければならなくなった時点で、制度設計にミスがあると考えるべきではないだろうか。

## 山林とその麓の町のチャンスに

補助金をもらうために頻繁に起こっている本末転倒が、ここでまた発生しないように願いたい。たとえば補助金で海外から大型林業機械を購入するために、それを使える作業地を探さねばならない、あるいはバイオマスプラントを入れるために、熱（温水）を使う場所を探さねばならない、というどちらが目的で、どちらが方法だったか、分からなくなっていくパターンだ。

まずは山林にある資源とその麓の町々の発意と工夫が先に立ち、それぞれの地域社会に合致した、新しいエネルギーの生産と供給の仕組みづくりを考えたい。

再生可能エネルギーは、新しい時代を切り拓くエネルギー源である。これまでとは違う発想と方法論が求められる。特に木由来のバイオマスのエネルギー利用については、山林とその麓の小さな町々が、経済的に強く自立していく一つの契機ともなりえる。可能性はあると信じたい。

# 第5章　美しい山林から貴重な銘木が採れる列島なのに……

## 杉は日本の高温多湿を好む

ここは高知県北東部、魚梁瀬《やなせ》。土地の名を冠する「魚梁瀬杉」の産地である。平均降水量は年4100㎜。世界平均は880㎜、日本平均は1700㎜と記せば、魚梁瀬の降水量の多さが伝わるだろうか。

この山里に名産の「ゆず」で知られる馬路村《うまじむら》がある。馬路村は、高知市内から土佐湾沿いに東へ走り、三菱財閥の創始者、岩崎弥太郎が生まれた安芸《あき》を過ぎ、安田《やすだ》で方向を北に変え、安田川を19㎞ほど北上した先にある。土佐湾越しに太平洋を目にした後、内陸へと向きを変え、30分ほどローカルバスに揺られた先には1000m級の山々がそびえる。日本の地形は、海から山へと急激に迫り、褶曲《しゅうきょく》が激しい。地元の鉄道やバスに乗り、ガタゴトと揺られれば、変化に富む風景が目に飛び込んでくる。山林に入り土地ごとに違う、あまりに多彩な自然を目にすると、何も飾らない日本は美しいと思う。

手前の馬路地区から、奥の魚梁瀬地区に通じる道は一本しかない。この道は、大雨でしばしば封鎖され、道脇にせり立つ崖からも水が流れ出る。現在の魚梁瀬地区は、この湾曲に振られる細道の先にある。

魚梁瀬ダムの完成は１９７０年。本来の魚梁瀬の町はダムの建設と共に、一度、町ごと湖に沈んだ。住民は代わりの土地に移り、今の新しい魚梁瀬の町を作った。眺めの良い時には、ダム湖の水面下に沈んだ校舎の姿が透けて見え、町の歴史が湖水に現れる。

初夏に登る魚梁瀬の山中は、山が吐く霧のせいか、多湿のせいか、白く煙る幻想の世界であった。標高差で約１kmを2時間かけて登ると、山に負けず、こちらの息もあがっていた。この山に銘木《めいぼく》（色合や模様が美しく珍しい木）・魚梁瀬杉が育つ。秋田杉、吉野杉にも並ぶ杉の美林でもある。

## 静謐さと厳しさ

ある著名な林業家が「杉は霧を吸って育つ」と語った。もちろん、一般的な杉が、空気中の水を吸って生育するわけではない。しかし、この一言は「杉」という木が、一体どのような所に育つかを端的に教えてくれる。杉は白く煙る山に育つ。日本画家、東山《ひがしやま》魁夷《かいい》画伯も描いた、白煙に包まれる濃紺の山林である。

日本の山林には、一歩足を踏み入れれば、自然の静謐《せいひつ》さと厳しさに息を飲む空間がある。我々が住める土地（可住地《かじゅうち》）の広さは、国土の3割弱である。残り7割が、いわゆる「山林」。日本の山林は、ドイツの童話「ヘンゼルとグレーテル」から想像する「森林」とはまるで違う。林業に使う道は、トレッキングコースでもなく、登山道でもない。木を植えて育て、伐るために延びた険しい道を辿れば、その先には、日本人の多くが忘れてしまった世界が広がっている。

日本各地には、世界でもそこにしかない「美しい山林」があり、そこから自然と人が創り上げた芸術作品である「銘木」が採れる。それら山林の産物から、土地独自の技能や産業が育っていた。美しい山林を見上げ、この類い希な日本の自然を守り、そこに育まれた文化を将来に繋げたいと思う。

杉の名の由来は真っ直ぐ育つ「直《す》ぐな木」が転じたと言われる。真偽はともかく、それほど杉からは通直《つうちょく》な木材を収穫しやすい。それが建築の材料になる。日本列島の気候にも適しているため、とにかく政策として積極的に植林が進められてきた。杉はいわば、戦後の林業政策の本命である。そのため大きく「杉」という括りでみれば、杉は面積、量ともに日本一だ。

山林から大量に採れるよう植えたのだから、建築用材を筆頭に、我々の生活のありとあらゆる場面で国産材が、現在使われているはずだった。

しかし、残念ながら当初の予定は大幅に外れ、国産材はあまり使われなくなり、林業は停滞し、資源の持続的な利用は望めず、山村は衰弱の速度を早めている。そこで、戦後の林政の本命でもあった杉を中心に過去を振り返りながら話をしよう。

**杉１本、３５５４万８０９０円**

魚梁瀬は、以前は木材の一大産地であった。木材を運び出すための森林鉄道も走っていた（１９０７年～１９６３年）。過去には魚梁瀬営林署から林野庁長官も出ている。

村の広報紙「うまじ」（第２９７号、２０１７年10月１日発行）は「天然魚梁瀬杉最後の伐採」という見出しで、推定樹齢２５０年の天然の魚梁瀬杉の伐倒について伝えている。

この杉は樹高41ｍ、胸高《きょうこう》直径１１４㎝とある。林業では「立木《りゅうぼく》」の直径を、人間の胸の高さくらいの位置（日本では約１・２ｍ）の直径である「胸高」で表す。また「立木

（たちき）」を林業では「りゅうぼく」と読む。

この最後の伐倒で伐り倒した魚梁瀬杉は58本。いずれも樹高は40ｍを超え、胸高直径も１ｍを超える太さである（高知新聞２０１７年９月22日）。収穫された杉は市場の初市で１本５４７万円の値がついた。切って六つの丸太にして出されたそうで、六つ合わせた全長は18ｍ、もっとも太い部分は直径１３８㎝だった（同２０１８年１月25日）。

太さは木によって異なるので、木の値段は、丸太１㎥あたりで示すことが多い。また何本もの丸太を山ごと競り売りにかけることもある。

記事によると、この杉は、根に近く太い丸太（元玉、一番玉という）が一番高く、１㎥あたり67万円だった。現在、取引されている大多数の杉は、戦後植林されたもので、１㎥あたり大体１万円、多くは細いため１本では１㎥に満たない。それを知ると１㎥あたり67万円も１本５４７万円も破格に見えるかもしれない。

しかし、魚梁瀬杉を知る人は、天然の魚梁瀬杉が１本５４７万円と聞いても驚かない。魚梁瀬杉の価格が史上最高値を付けたのは１９８９年。この時は、１本３５５４万８０９０円（税抜き）が記録されている（同１９８９年10月28日）。当時の高知新聞の「銘木の行方を追って」という連載記事（１９９０年）によると、この杉は長さ33ｍで、根に一番近い木の端（元口という）の直径が285㎝あった。九つの丸太に切り分けられ、競売で一番値が吊り上がった部分は、1㎥あたり270万円になっている。「最後の伐採」となった杉の約4倍である。魚梁瀬杉が、その値を歴史に刻んだ1989年は、昭和から平成に変わり、ベルリンの壁が崩壊した年だった。日本林業にも大きな異変の気配が迫っていた。一体何が起こっていたのかを見ていこう。

## 杉の値段の暴落

日本全体の木の価格のピークは1980年。この年、木の平均価格は杉が1㎥あたり3万9600円、檜が7万6400円である。その後、価格は転がるように坂を下り、2018年には1㎥あたり杉1万3600円、檜1万8400円になる。1980年のピーク時と比べると杉は34%、檜は24%になった。杉は輸入材よりも安くなっている。

このような価格の下落要因としては海外から安価な商品が輸入されることが原因だとよく言われる。しかし木材の場合、それだけが原因とは言い難い。

木材はコメなどと異なり、第1次産品のうち、真っ先に世界のマーケットに差し出され、戦後間もない時期にすでに国際競争にさらされていた。1951年には丸太の関税がなくなり、1964年までに製材品を含め、木材の輸入は全面的に自由化された。1ドルは360円から100円台になり、杉の価格は3分の1になった。ドルで見れば、丸太の価格は、あまり変わっていないのかもしれない。

しかし1960年代に解禁されても、木材価格は1980年にピークを迎えており、国産材のマーケットが、外材とは違う所でしばらく存続していたことを示す。考え得るのは木造建築からの需要であり、それも高価格帯の国産を求める大工棟梁が建てる木造である。集成材や合板、外材だけで建てるのは難しい木造ともいえる。ただ、実際には着工数も多かったため、伝統木造のような耐震性が期待できない木造もあったであろう。

いずれにせよ国産材を求める木造全体は激減し、また住宅着工数自体も1973年をピークに減少していく。木材の価格は、資源の供給側のみならず、需要側からもダブルパンチを食らったことになる。

### 山にお金が還らない

ここまでに述べた木の価格は「素材価格」と言う。これは丸太の価格と同じである。着目すべきは、その山林を持っている人の手もとに残るお金である。これを山元立木価《やまもとりゅうぼくか》格《かく》と呼ぶ。素材（丸太）価格から、木を伐り倒して運ぶコストを引いたあとに残るお金である。その転落と低迷は素材価格よりも甚だしい。

1㎥あたりの山元立木価格を見ると、杉は1980年の2万2707円から、2020年には2900円に、檜は4万2947円から、6358円に転げ落ちている。ここ40年で杉は13％、檜は15％にまで価格が下落したことになる。かつてを思えば、同じ「木」とは言い難い値段になる。

前述の通り、戦後、人工的に植林された杉は、1本1㎥の大きさになっていないものが多い。このため単位を1㎥から木1本あたりで計算すると、数百円になってしまう杉も出てくる。40年、50年かけて育てた木が、スーパーに並ぶ野菜と変わらぬ値段になってしまうのである。

当然ながら、丸太を挽いて作られる製材品の価格も1980年をピークに下がる。しかし2005年以降は、多少上下しながらも、少し上昇傾向で安定している。2018年で、杉の製材品で1㎥あたり6万6500円、檜の製材品で8万5600円である。これらはそれぞれ丸太そのままの4・9倍（杉）、4・7倍（檜）になっている。製材後の製品の値段は、素材（丸太）ほど下がっていないことになる。

しかし丸太をすべて製材品にできるわけではなく、ロスも生じる。単位を1㎥あたりではなく、製材品1丁、1枚、1束《そく》で見ると、大したお金にはならない。しかしながら製材後の製品の価格と比べても、素材（丸太）価格や山元立木価格の暴落は甚だしい。この原因の一端を見ていこう。

**買い手が一方的に値段を決める**

近年において、木の値段が下がる原因の一つが補助金である。山に木を植えて育て、山に道をつけて伐り出すという仕事の過程の一つ一つに補助金が用意されている。現代の日本林業は、まず補助金ありきで、生産コストへの感覚が鈍くなっている。

もう一つの原因は、第3章でも触れた木を大量消費する大型工場が補助金の支援を受けて、次々に作られたことだ。大型工場では集成材や合板の材料として、また再生可能エネルギーの燃料として木が大量消費される。さらにその取引価格が、買い取る側に、ほぼ一方的に決められてしまう所が出てくる。

少々安くても買ってもらえるのであれば、補助金をもらい、木を伐って出すことで手元にお金は入る。そういう木を大量に買う大型工場も、補助金で誘致されていたりする。

質の良い木を少しでも高く売りたいと思う事業者でも、誘致した大型工場へ一定量を納めなければ補助金を出さない、と地方公共団体から言われてしまうこともある。ところが、こういった大型工場は、多く欲しい時は値を上げ、いらなくなると下げる。そして丸太の質をあまり問わない。欲しいのは安い木である。

各地に大型工場ができ、単価の安い木の消費が急増する。しかし値打ちのある木材の需要は停滞したままである。そうすると本来、高く売らなければならない木材も、安い木の流通へと押し流されていく。

## ひたすら量を出す林業に変わる

2009年に農林水産省（林野庁）が作成した「森林・林業再生プラン」では、自給率50％を目標に謳っている。この目標に象徴されるように、中央の政策は、ひたすら木の「量」を出すことを目指す。確かに、補助金を出せば、その分、量を稼ぐことはできる。自分が出した補助金で、自分が掲げた目標に近づける。

国に追随するかのように、都道府県でも量を出すよう、現場に迫る所もある。そのため、ここ10年ほどで、日本の林業はひたすら量を出す方向に変わった。しかし、現場は量を出すことに追われ、それと引き換えに受け取る補助金を使い切ることに疲れている。

確かに森林資源の量はある。しかしそれは統計上の数字である。伐って出すのが困難な急峻な山林にも植林されている。あと数年もしたら、量を出せと言われても、まともに木を伐り出せなくなりそうな地域も出てきた。なぜなら、多くの現場は、将来を考えることもできず、今、伐り出しやすい所から切っているからである。

林業の将来を考えれば、補助金は山林環境全体の保全に使って欲しい。しかし現実はそのようには動いていない。

九州地方などでは伐採放棄地の問題がある。当然、そうした土地は荒れる。

さらに誤伐《ごばつ》の問題もある。間違って伐ってしまったというのが表向きの説明だ。しかし実際には意図的な盗伐《とうばつ》もあるようだ。いずれも人様の立木を無断で伐って、その後おそらく伐った木を売り払っているのだろう。後者はより悪質である。

九州の山林は比較的傾斜が緩く、木を伐り出し易い。近くに買ってくれる先もある。「いつも見ていた林が、一夜にして忽然と消えた」という話を知人から聞いたこともある。誤伐や盗伐をした者たちは当然ながら植林してくれることはない。

ある県では成長量（ここでは1年分の増加量）以上に伐採されているようだ。このままだと資源が続かない、と将来を研究者も心配し始めた。全国各地でこのような地域の後追いが出るのではないか、と大山主も口にし始めている。

## そして木材の価格全体が下がる

大抵の林業従業者は、補助金をもらわねば林業はできないと言う。地形などの条件が厳しいところでは、今の材価では、確かに自力林業は難しいだろう。苦労して伐って、市場に出しても、伐採コストを上回らなくなっているのだ。

どれだけ補助金が貰えるかは、地域によって異なる。国だけではなく、地方公共団体単独でも補助金を出すからである。問題は、補助金を貰い続けるうちに、木を伐って出すという作業自体に対してお金が貰えるという錯覚に陥ってしまうことだろう。「木を売って、儲けて、植えて、次へ繋げる」という通常の生産サイクルは、思考から遠のいて行く。

この状況下でも、「補助金は麻薬だ」と言い、補助金に自分の考えを奪われないよう、補助金を一切もらわない事業体が、実は存在している。大山林所有者の中には、木を植え、育て、伐り出し、また植えてという林業を営む技術者や組織を抱えている人もいる。

彼らの所有面積は大きい。しかし、その数は少ない。小さな山林所有者の中には、自伐《じばつ》林家《りんか》と言い、身内だけで木を伐っている人もいる。しかし家族や小規模な事業体では、ややこしい補助金手続きに対応するのは難しい。大多数を占める所有規模の小さい山林については、森林組合や民間の事業体が、作業毎に請け負うことになる。彼らが補助金の主たる対象になる。日本林業は、大多数のこの動きに影響を受ける。

ちなみに保有山林の規模で見ると、10ha未満が面積で39・0％、戸数で87・8％、50ha未満が面積で70・7％、戸数で98・8％。100ha未満が面積で79・1％、戸数で99・6％。100ha以上は面積で20・9％、戸数で0・4％となる。

現在、木の伐り出しを請け負う森林組合や民間の事業体は、作業に対して下りる補助金と、実際に木を売って得るお金を比べる。それと実際の作業のコストの差額を、どれだけ山主に返すかは、請け負った人の胸三寸になることもある。木の対価として、できるだけ山主にお金を返そうとする者もいれば、そうでない人もいる。とにかく量を捌こうと、より安く丸太を売る所もある。

木を植えた先代がすでに鬼籍入りしている場合、現世の所有者には、自分の山林に対する意識が希薄な人もいる。そもそも小さな山林の所有者には、山林について一時を凌ぐ財産程度に考えてきた人も珍しくない。昔は娘を嫁に出す時に木を伐る、といった具合に考える人もいた。こういった山林所有者の子孫には自分の所有林の存在を忘れていたり、境界が分からなくなったりしている者もいる。作業そのものは、森林組合等に丸投げする所有者も多い。

その作業を請け負った事業者は、誰がいくらで買おうと、補助金をもらって、伐りさえすればお金になる。この木を植えて育てた原価はいくらか、などと考える必要はない。木を売って得たお金で植林して次に繋げる、つまり次世代への投資といった生産のサイクルまで考えることは希である。こうして現場は、補助金を中心に回ることとなる。

先にも述べたように政府は、生産量の増加を目標として謳っており、とにかく量を出すことを求める。そこに補助金が出る。こういう現実も相俟《あいま》って、素材（丸太）価格、さらに山元立木価格が下がっていくのではなかろうか。

関税で守られたコメとは異なり、木は早々に関税が撤廃され、その影響を受けたのは前述の通り。しかし現代においては、それとはまた違う力で木材価格全体が下がってきたように見える。これでは我が国の林野行政が戦後、本命にした「杉」の値段も一向に上向きそうにない。

# 第6章　森林資源の豊かさと多様性を生かせない政策

## 魚梁瀬杉の平均寿命は500年

幻の町が沈んだ魚梁瀬ダムの先に「千本山《せんぼんやま》」がある。最近は、行く度に道が通行止めになっている。大雨の度に、土砂崩れで道が塞がれるからである。

台風10号が襲った2019年8月15日、ニュース速報は「馬路村魚梁瀬で一時間に60・5㎜の激しい雨」と告げていた。現地の様子がついぞ中継されないのは、馬路地区の先にある魚梁瀬地区に行くのが危険だからであろう。

筆者が初めてこの地に入ったのは2010年で、それ以来、行っては雨に降られている。千本山に入ってすぐにある大杉は高さ50ｍを超え、幹周りは7ｍ近くある。大杉に見とれたわけではなく、露のせいで、この辺りで足元を取られたことがある。

千本山には、樹齢200～300年、樹高30～40メートル、そして直径も数メートルという魚梁瀬杉が立ち並ぶ。この木々が小さかった300年前と言えば、8代将軍・徳川吉宗の時代である。

しかし江戸時代より前から木は伐り出されている。現地の営林署でもらった資料によれば、豊臣秀吉が京都に木造建築を造営するため、長宗我部元親が魚梁瀬杉を伐り出した記録があるという。1624年には二条、大坂両城普請用材木を6万5800本、1636年には、江戸城普請用材木6万6400本を供出したという記録もある。もちろん、その当時は、木を運ぶトラックも森林鉄道も、ヘリコプターもない。

千本山に入ると、杉はこんなに成長し続け、巨大化するのか、と改めて思う。他の地域にも、忽然と姿を見せる大きな杉はある。しかし千本山では、大木が次々と目の前に現れる。さらにその魚梁瀬杉と共に実に多種の樹種が育っている。

榊《さかき》、黒文字《くろもじ》の類、姫沙羅《ひめしゃら》、令法《りょうぶ》、水目《みずめ》、栂《つが》、樅《もみ》、そして檜も……千本山の樹木の種類は100を超える。杉、檜が植林された一般的な人工林でも、手入れされた山林には多くの草木が生える。日本の山林は放っておいても、自然の力で息を吹き返す。

日本の針葉樹の人工林は、樹齢80年手前ぐらいで成熟期に移行し、成長が低下し始め、木が二酸化炭素を吸収しなくなるという説がある。この学説に従えば、その前に木は伐り倒した方がいいということになる。つまり戦後造林した木は主伐《しゅばつ》（木を収穫するために、伐り倒す作業のこと）期に来ていることになる。過密に植林した後、あまり手を入れていないと、人工林の中は暗く、木も細く成長していないように見える。このような山林はすぐに間伐するか、それでも間に合わない場合には全部伐った方がいい場合もある。

しかし最近の学説では、成熟期とその次の老齢期でも成長は衰えないとも言われている。現に魚梁瀬杉のように、平均樹齢500年と言われる杉もある。

手元に『魚梁瀬スギ・杉の種物語―坂本宇治吉・雄次郎親子の記録』（馬路村教育委員会・2015年）という本がある。坂本氏親子が、馬路村にある魚梁瀬杉の種の採取から造林に至るまで、長い年月を重ね、研究した記録である。魚梁瀬杉は樹齢200年以上でも、まだ成長していると記されている。ちなみに鹿児島の屋久杉に至っては、樹齢が1000年以上なければ、「屋久杉」という名前で呼んでもらえない。杉一つとっても、一言では括れない。その土地の杉をどうしたらいいのか、答えは土地の人が持っている。

これから、歴史的な経緯や海外とも比較しながら、日本林業の特徴を見ていこう。

## たびたび木を伐り過ぎていた歴史

まず、日本人が木とどう付き合ってきたか、歴史を概観しておく。

日本列島では、用材や燃料として、山の木を伐り過ぎていた時期がたびたびあった。戦国時代や安土桃山時代も、木造建築の造営などで木を伐り過ぎた山があったようだ。江戸時代、尾張藩に至っては、貴重な立木の伐採を禁ずるため、「木一本、首一つ」という政策を打ち出したほどだ。要するに、木1本でも勝手に伐ったら極刑になるという意味である（実際はそこまで厳しいものではなかったようだ）。

戦時中も、伐り過ぎで山に木がなくなっていた地域がある。

戦後、日本の山林はまた変わる。拡大造林により、人工林が作られていったのだ。当時、山に木は少なく、それにより大きな災害が起こっていた。

「拡大造林」の定義は、天然林を伐採し、その後に人工林を植えることである。戦後は天然の広葉樹を伐採し、その後に針葉樹の杉、檜を植え、人工林が増えていく。拡大造林は、最盛期には年間30万haほどのペースで行われたと記録されている。ちなみに、杉を伐採した後に、また杉などを植林するのは「再造林」と呼ばれる。この再造林を加えると、30万haを超える植林が行われていたことになる。

近年、補助金をつけて積極的に伐りだすことが推進されている。その背景には、これら戦後の拡大造林で生まれた人工林が主伐期を迎えているという考えがある。

### 問題は戦後の人工林の手入れ不足

森林と林業に関する現在の基礎データを示しておこう。国土の３８００万haのうち、実に２５００万haが森林で、うち人工林は１０００万haある。戦後、拡大造林した人工林は、植林後、下刈りし、除伐し、間伐を繰り返し、収穫まで手入れするつもりで植えられたものだ。密に植えて、木々を競争させて、上へ上へと真っ直ぐ育てるためである。「下刈り」、「除伐」、「間伐」という用語を説明しておく。植えた苗木が草に負けないように、草を刈ることを「下刈り」という。そして植林した木が周囲の木々に負けないように、周りの木を伐るのが「除伐」。山に残す良い木を育てるため、育ちが悪い木などを間引いていくのが「間伐」である。

除伐や間伐は木材の収穫作業ではなく、大きくしたい木の周囲の環境を良くし、伐らずに残した木を育てるための作業である。間伐のうち、伐った木を山の中にそのまま置いておくのを「伐り捨て間伐」、間伐した木を売るのを「収入間伐」と呼ぶ。

地面の根に近い所から梢の方まで、幹がストンと円柱状に近い形をしていることを

「完満（かんまん）」と言う。これに対して根元から樹冠に向かって細くなり、幹の縦方向の断面が、三角形というか台形に似た形になっているのを梢殺《うらごけ》と言う。「完満」に「通直《つうちょく》」をつけて「通直完満」と呼ぶ。こういう立木を林業でも製材業でも高く評価する。

特に人為を加えて木を植えたならば、植林後も間引くなどして継続的に手を入れていかなければならない。放っておいては、目標とした木を収穫できなくなる。最後の収穫まで、山中の立木の密度を程よく管理する必要がある。この作業の流れを施業《せぎょう》という。これが言うなれば林業である。

問題は戦後、植林した杉、檜の人工林において施業が十分ではない点だ。これでは良材が収穫できないどころか、光も射さない山林は不健全で、災害の危険も増す。

行政の誘導で植林させたものの、木材供給は外国に頼り、国内の材価は落ち、植林後、人工林の手入れが行き届かない時期が続いた。その責任を問われ、また補助金をつぎ込み、対応しているのかもしれない。

しかし今の補助金もまた、その場を凌ぐため、注ぎ込まれている感は否めない。ここ10年ほどで、量を出す方針が強化され、伐り出しやすい、つまりコストをかけずに伐れる所から木が伐り出される傾向が見られる。平成、令和になっても日本列島の各地にある個性的な資源の特徴が考慮される様子はない。
また日本の山林の様子が変わり始めている。

## 欧州の森林と日本の山林

ここで外国との比較から、日本の山林の特色を解説しておこう。昔も今も日本が林業の手本にしているのは欧州である。しかし欧州の「森林」と、日本の「山林」は別物である。

最近、林業を教えに来たドイツ人が、日本の樹種の多さを羨《うらや》ましがっていた。ドイツの森の樹種は数えられるほどである。彼の地では、人が努力して保護しなければ、森もなくなってしまいそうだ。ドイツやフランスでは、森が平坦な農地や草地の続きに点在しており、伐ってしまえば、ただの丘になる。農業用トラクターの背中にウインチ（巻き揚げ機）をつければ、そのまま木を集める林業用の機械として使えるほどである。伐り倒した木をワイヤーにくくり、農業用トラクターにつけたウインチで巻き取って運ぶ。欧州にはこのような機械がある。しかし日本にはない。彼らにとって林業は農業の延長で、中欧では農林家が多い。

ドイツでは森林を「母なる森」と呼ぶ。立ち入りやすく、現に一般市民もよく散策する。森林法にその権利が明記されている。日本で林業をするような山林は、一般の方には険しくて立ち入れない、または案内なしで入ると危ない所も多く、開発もしにくい。

ドイツの人工林率は、統計上はあまり高くない。ところが筆者が現地で見た資料では、ドイツ人は徹底的に森林に手を入れてきており、人工林率97％とあった。その資料を見せてくれた大学教授は、「ドイツには人為を加えていない森などほとんどない」と言った。

これに対して日本は森林面積2500万haのうち、天然林が1300万haと50％以上を占め、人工林1000万haよりも多い（残りは無木立地や竹林に分類される）。気温も湿度も低い欧州に比べ、日本列島は大半が高温多湿であることから、天然林はもちろん、人工林も手入れすれば、多くの樹種に恵まれる。人工林も手入れすれば、天然林に劣らない。日本列島は、森林資源の豊かさと多様性では、潜在的にたいへん恵まれている。

## 日本は量的には資源大国

もう少し基礎的なデータの説明にお付き合いいただきたい。

日本の森林面積２５００万haに対して、蓄積量は約52億㎥と推計されている。蓄積量とは分かりやすく言うと木の量である。これが推計上は今なお増えている。

体積を増やしている主役は人工林である。人工林の面積１０００万haに対して蓄積量は33億㎥とされる。天然林が１３００万haに対して、19億㎥なので、蓄積量では逆転現象が起きていることになる。

人工林の内訳は杉、檜、松の類で94%を占める。ナンバー・ワンは杉で、面積にして44%、蓄積量で58%を占める。単位面積当たりの密度を計算してみてもダントツだ。檜の２８５㎥／haに対して、杉は４２９㎥／haで、約１・５倍である。ちなみに落葉松、蝦夷松《えぞまつ》、椴松《とどまつ》をはじめ、松の類は、檜よりも密度は低い。

それぞれの樹種には適地がある。例えば針葉樹でも、大雑把に言って、沢の近くは杉、尾根は松、その間の中腹には檜が良いと現場では言われる。不適な場所に植林されていると、災害が起こりやすくなる可能性もある。針葉樹（杉、檜）を大々的に造林した山でも、針葉樹の不適地には広葉樹が残されている所もある。

人工林が多いのは悪いことではない。日本の山林においては、人工林といえども、様々な植物や植林した以外の木々も生える。植林した杉、檜の間に、春に花をつけ、秋に紅葉する木々が混じる山もある。また後述するように、日本では杉一つとっても、実に様々である。人工林も、手を入れていれば、公益的機能も担い、目にも美しい山林である。

なお、公益的機能とは、木材を産出する以外にも、森林が担っている役目のことである。林野庁が2000年に公表したところによれば、日本の森林の公益的機能の評価額は74兆9900億円。この公益的機能には水源涵養機能を始め、土砂流出防止機能、保健休養機能等々が挙げられている（木材生産を含める例もある。しかし林野庁が2000年に発表した試算には含まれない）。

山に木が乏しかった時代より、木々に覆われた現在の山林は、雨に対しても強くなっていると言われている。険しい山に木々が生えることで、国土が守られ、同時に空気（酸素）や水という恵みも、我々は享受している。

## 山中で人知れず増える資源

日本の木材消費量は、1998年に1億㎥を割り、近年は7000万～8000万㎥で推移している。それでも世界屈指の木材消費国である。一方、日本で森林資源が自然に1年で増える量、つまり成長量（ここでは1年分の増加量）は、大体7000万㎥である。この数値だけを見比べれば、国内の森林資源が1年に増える増加量は、我が国の莫大な木材消費量に匹敵する。つまり量だけ見れば、自給率100％も夢でない。現に1955年には、自給率は96・1％であった。

しかし自給率は低下し続け、2002年に底を打って18・8％となる。分母の木材消費量自体も減り、自給率はその後回復し、現在3割ほどだ（最新公表値2019年37・8％、2016年34・8％、2013年28・8％）。現在、国内消費の大半を担っているのは外材である。

ちなみにフィンランド、スウェーデンなど、林業の盛んな国でも、成長量ギリギリまで木を切ることはない。成長量の7割ほどに抑えている。ヨーロッパは、日本とは事情が違い、木材需要は逼迫している。それでも7割に抑えているのは、これから将来に渡り、持続的に林業を営むための配慮であろう。

日本は自国に十分な量があるにもかかわらず、莫大な量を外国に依存していることになる。しかし我が国の森林資源の全量を鷲掴みに話を進めるのは危険である。なぜなら、険しい日本の山林からまとまった量が継続的に出てくる訳ではないからだ。急に数だけ合わせようとすれば、伐り出し易い地域から過伐されることを勧め、永続的な林業に繋がらない。

## 同じ杉と言っても

日本の森林資源の大きな特徴は、多様性であると述べた。たとえば一口に杉と言っても、日本の場合、実に数多くの種類がある。

いくつかの杉を五十音順で並べてみよう。

秋田杉（秋田県）、芦生杉（京都府）、飫肥《おび》杉（宮崎県）、尾鷲杉（三重県）、金山《かなやま》杉（山形県）、北山杉（京都府）、霧島杉（鹿児島県）、久万《くま》杉（愛媛県）、立山杉（富山県）、谷口杉（滋賀県）、智頭杉（鳥取県）、天竜杉（静岡県）、日光杉（栃木県）、日田杉（大分県）、三河杉（愛知県）、屋久杉（鹿児島県）、魚梁瀬杉（高知県）、吉野杉（奈良県）……キリがない。

色一つとっても、白っぽいものから、ピンク、赤に近いものまである。なお木は外周部を白太（辺材）、中心部を赤身（心材）と言い、その木独特の色が付いているのは、赤身の方である。滋賀の谷口杉の心材は真っ赤であった。滋賀で山に入った時、木立の中に折れた木があり、木の中が見えていた。その赤さは、夏の緑との対比も鮮やかだった。また黒心《くろしん》と言って、中の方が黒い杉もある。こういう杉には水に強いものがあり、建築では地面に近い所に使う工夫もされている。

そして同じ杉といえども、色のみならず、杢目も、材料にした時の強度、反りなどの質もそれぞれ異なる。これを棟梁は使い分ける。その土地の林業家に至っては、同じ「〇〇杉」でも、「この谷の杉は、こうで」「あの所有者が育てた杉は、ああで」と、違いを語り出す。

いくつかのマツ科の木を「スプルース」という名前で一括りに売ってしまう欧米とは、そもそも木に対する感性が異なるように思う。この我々の感性の元となっている日本の自然は、多様で豊かで繊細で、時に厳しい。

杉一つとっても、これだけの違いがある。そしてさらに日本には針葉樹と広葉樹を合わせると1000種を超える樹木が育つ。そして広葉樹は針葉樹よりも種類が多い。

白書などでは戦後、植えられた杉、檜の人工林ばかりに焦点があてられる。しかし家具材として求められるのは主に広葉樹である。用材にする広葉樹は値も高い。木造建築にも広葉樹は使われる。広葉樹の市に参加したことがある。針葉樹のそれより、よほど活気を帯びていた。

広葉樹は、杉、檜などの針葉樹と比べ、植えて育てるのは確かに難しい。しかし山に欅（広葉樹）を植えて育てている林業家に会ったこともある。現代の我々は、この豊富な資源のごく一部にしか目が行っていないのかもしれない。

## 日本林業は工業の延長では考えられない

日本人は、この豊か過ぎる資源を相手とする林業を、工業と同じ感覚で扱ってこなかっただろうか。少しでも、この日本の森林資源の性格を考慮に入れて来ただろうか。

本来、このような資源との付き合い方は、中央の指令で十把《じっぱ》一絡《ひとから》げに決められるものではなかったはずだ。ここまで全国各地の林業に、手取り足取り介入する国家も珍しい。戦後の拡大造林に従わなかった地域では、広葉樹の割合が多く、そうした土地の山林の麓では土地独特の産業が育っている。

農産物でも、少しでも他地域とは違うものを作り、競争力を高めようとする。他と同じことをさせられていては、差別化も図れない。

例えば、経産省が自動車メーカーに製造方法や車種を命じるだろうか。全国各地から同じような産物が、一度に、大量に出てきたら値は下がる。しかし行政は、現在、公的管理下に置く森林面積をさらに増やし（詳述第9章）、林業という産業の生産活動を結果的に指図する力を強めてしまっている。

## 恵まれた杉と檜をどう見るか

先ほど筆者は杉、檜は日本に大量にあり、珍しくないかのように述べた。現に日本人にとって杉、檜は、どこの山林にも当たり前に存在する。しかし海外ではそうではない。似たような木であっても簡単に伐れるものでなかったりする。たとえば台湾では檜は伐採禁止である。日本の檜は海外で奪い合いになる、と銘木商から聞いたことがある。彼は日本の木を海外でブランド化しているのだろう。

日本ではありふれた杉、檜もグローバルな視点で眺めると貴重な資源である。しかも世界的には森林面積は減少しており、木材は不足していく一方なのだ。

その資源が我が国には、莫大に存在し、増え続けている。であるならば、「内ではなく外へ」「今ではなく将来へ」の戦略が求められる。ところが、日本の政策は、世界情勢をにらんだ攻めの戦略を練っているようには見えない。

　先人がせっかく植え育ててきた人工林１０００万haのうち、私有の人工林は６７０万haである。近年、その３分の１の２１０万haを針広混交林に、つまり天然林化し、「公的管理下」におく方向で政策が決まった（詳細第９章）。つまりこれは、「実質的に生産はあまり期待しない山林に戻します」という方向転換を意味する。要するに、私有人工林の３分の１では積極的な木材生産は諦める、と宣言したことになるのだ。林業の成長産業化を謳いながら、産業活動を後退させる面積を増やしていく。

　しかし本章で述べてきた経緯を考えてみてほしい。現在の林業が抱える問題の核心は、戦後の拡大造林で「全国に中央から一斉に号令」をかけて、お金も出して「植えさせた」ことだったのではないか。

　それなのに、また「全国に中央から一斉に号令」をかけるのであろうか。戦後は天然林から人工林、今度は人工林から天然林である。根本的に変わっていない。全国各地の林業をどうするか、結果的に左右してしまう方法から、どうやって方向転換するか本質的な問題を解決しなければならない。

## 数十年先の需要は読めない

林業では、明日売れるものを今日作ることはできない。売れるか、売れないか、分からない状態で、生産に入る。しかし百年先はおろか数十年先の木材需要ですら読めない。これは当然である。コストに見合う利益が得られるのか、作っている最中に、それは分からない。できるだけ、この不安とリスクを最小限にしたい。それには、一斉に共倒れしないためにも、各地で同じような産物を、同じように生産するのは、避けたいというのが普通の戦略だろう。

しかし、中央から降ってくる補助金をもらい、その「取扱説明書」に従うと、結果的に好ましくない状況が発生する。地域性を無視した全国一律の「取扱説明書」だからである。そして山林のことは、そこにいる人以上に分かる人はいない。彼らの積極的な意志と創意工夫を摘んでしまうのは、本質的な林業振興を妨げる。

ある産業を離陸させようとするならば、行政からの指図と干渉、監督、支援の手から離れ、働く人々も組織も力強く自立していくような環境を、制度として設計していくべきだ。林業という産業活動の現場から、いかに公的関与を減らしていくか、いかに余計なことをしないか、無駄を減らすか、これまでと逆の発想が必要ではないか。

ヨーロッパ先進国で林業が盛んなのは、林業で儲かり、生活できるからである。木を植えて、育て、伐って、また植えれば、生活できる、そして山にもお金が還り、資源が再生する――これが実現する環境さえ整えばいい。木材需要の量と価格が、適正なものに安定していけば、産業として回り出すだろう。イノベーションも現場が起こしてくれる。日本もこの林業の外の環境さえ整えば、ここまでややこしいことにはならなかっただろう。

日本林業には、これまで述べてきたように、日本列島の変化に富んだ自然が生み出す資源をはじめ、他地域との差別化を図りやすいポテンシャルがあったはずである。他と違う方が良い、他と違った方が良い、それが競争力になり、持続性につながる。そして、各地には『魚梁瀬スギ・杉の種物語』のように、その土地の「考え」がある。その地ならではの「考え」が、その先の発展への鍵であろう。

# 第7章　山中で価値ある木々が出番を待っている

## 江戸時代の空気感

長野県上松《あげまつ》の山中、ここは奥千本《おくせんぼん》。江戸時代の空気感をそのまま封印したかのような神秘に包まれている。

自然に芽生えた檜が、天に向かって、しんと伸びている。この空間の透明さを言葉で伝えるのは至難の業である。杉の山林とは打って変わり、空気がさらりと軽い。檜は杉より乾燥した土地を好む。

手前にある「赤沢自然休養林」は森林浴の発祥の地である。「千本立《せんぼんだち》」「奥千本」は、一般の入山は禁止されている。ここへは、この地で調査を続けられている研究者、林野庁中部森林管理局の担当官と共に入った。

上松は伊勢神宮の御神木《ごしんぼく》の郷《さと》である。上松の町も山林も伊勢神宮にはなくてはならない。20年に1度、社殿を新しく建て替える時、上松から御用材を納めるからだ。
御神木は、今でも木曾谷から木曾川に沿って運ばれ、伊勢に届けられる。
2013年、式年遷宮の直後、伊勢神宮の「神嘗祭《かんなめさい》」に筆者も詣った。新旧二つのまったく同じお社《やしろ》が、並んで建つ20年に1度の光景である。伊勢神宮は山林と木造が一つに結ばれた我が国の長い歴史と文化を、ありのまま継承し続けている。

## 木曾五木

江戸時代、木曾谷は尾張藩の領地であった。城郭や寺社建築などに木材が必要で、伐り過ぎたことがあるのは前章で述べた通り。そこで尾張藩は伐ってはならない停止木《ちょうじぼく》を定めた。これが「木曾五木」である。木曾五木とは、檜《ひのき》、椹《さわら》、翌檜《あすなろ》、鼠子《ねずこ》、高野槙《こうやまき》を指す。

木曾五木として、特別扱いされた樹種のうち、檜、椹あたりまでは、実は皆さんのご自宅にもある可能性が高い。長野、岐阜と言わず、日本各地で採れる木である。

檜といえば、まず建築用材であり、寺社仏閣の用材である。京都清水寺の「檜舞台」も、その名の通り檜で造られている。一般住宅でも使われている。とくに東海地方は総檜造を尊ぶ。真壁《しんかべ》と言い、柱や梁《はり》など、建物の構造そのものが意匠（デザイン）となって見える造りの部屋ならば、柱は檜の可能性がある。どのような家でも和室があれば、和室ぐらいは真壁だと思う。

一方、部屋を見回して、一面、壁に覆われており、柱、梁が見えない場合は大壁《おおかべ》という造りである。戸建て住宅であれば、構造は木、つまり木造である場合が多い。しかし壁の中に使われている木材は、ほぼ外国産である。

檜は水にも強く、成分には抗菌作用もある。木造では湿気の強い、地面に近い部位に使うと良い。筆者の家では、まな板が檜である。日に何回も使い、洗い、乾かし、10年以上台所で活躍している。檜の性質を知るまでは、頻繁にプラスティックのまな板を買い換えていた。

木曾五木のうち、椹も台所にある。椹はあまり香りがしないため、木の匂いが移るのが好ましくない道具の材料として使われてきた。たとえば寿司桶である。中の酢飯《すめし》に木の香りが移ることはない。椹は一昔前には「かまぼこ板」としても使われていた。しかし近年、「かまぼこ板」にも外材、ドイツ製が進出している。ドイツ南西部の製材所を訪問した時、まさにこれから日本に輸出される、整然と積み上げられた「かまぼこ板」

を見た。ドイツ語でかまぼこのことをフィッシュ・クーヘン（Fisch Kuchen）つまり魚のケーキと表現していた。なんだか甘そうな語感である。逆に、木の成分で香りを増したい時、たとえば日本酒の樽には杉が使われたりもする。

筆者の机の上には、ある棟梁が樫で作った「六方差」がある。六つの部材を組んで形になる。遊びで作ってくれた六方差は、木同士の組み合わせなので、隙間ができたり、木が反ったり、曲がったり、いずれ組めなくなるだろうと想像していた。しかし、予想は外れた。エアコンの除湿も冷房も暖房も、ものともせず、10年経ってもピタリとはまる。変わらぬ寸法精度の高さに驚いた。掌に載るサイズの六方差で、棟梁の木材を見定める目や技能の高さに感嘆してしまうのは失礼かもしれない。何せもっと大きな家、人の生活空間を作っているのだ。

六方差

## 木なら、なんでもいいわけではない

棟梁は使う目的を考えて、木材の樹種や産地に拘る。それには意味がある。建築基準法の規則さえクリアしようとすれば、家の柱は10・5㎝角であれば、なんでも良くなる。しかし木なら、なんでもいいわけではない。

筆者の家の庭にある金属製の倉庫を片付けていたら桐の下駄《げた》が出てきたことがある。何十年前のものだろうか、埃を被っていた以外、なんともなっていなかった。かたや花瓶を納めていた木箱は虫に食べられてボロボロになっており、持ち上げたら崩れた。この木箱の木は外国産である。ハウスメーカーの社員が、「昔、家の土台には不適な外材を使い、湿気や虫にやられ、大変な目に遭った」ともらしていたのを思い出した。

棟梁が日本の木造に日本の木を好む理由も分かろうというものだ。木箱は捨て、桐の下駄は仕舞っておくことにした。この時、屋久杉と刻印された小さな木升も出てきた。鼻を近づけたら、木の香りがして、組まれた角もピッタリ合ったままだった。屋久杉は耐久性の高さで知られる。

## 幹以外もあまねく使う

木曾五木に話を戻そう。翌檜の別名は、檜葉《ひば》である。檜葉と言えば、建築の世界では、まず「青森ヒバ」が思い浮かぶ。檜葉も水に強いため、檜と同様、木造建築で地面に近い部位に使われる。岩手県平泉にある「中尊寺金色堂」の、金箔の中は、ほぼ総檜葉造りである。１１２４年の建立で、今なお当時の姿を留める。中尊寺の檜葉といい、法隆寺の檜といい、その耐久性の高さはお墨付きである。

森林浴で有名なヒノキチオールは、実は日本の檜からはほとんど出ず、檜葉から出る。ヒノキチオールは、森林浴の効果をなすフィトンチッドの一種である。ヒノキチオールには殺菌、抗菌、消炎などの働きがある。最近で言えば、アロマテラピーに使われるエッセンシャルオイル（精油）の成分になる。こういった効能のある木の香溢れる「赤沢自然休養林」の中を歩くと、心身ともに一新される。

我が国の伝統木造は、日本の自然をどう家屋に取り込むか、工夫がなされている。人が住む空間として、山林の木立を洗練した形で再現しようとする趣もある。ふんだんに無垢材を使った伝統木造の上棟式の時には、木の香に包まれ、白木の木立の中にいるような感じになる。自然素材の土壁や漆喰の壁により、さらなる調湿効果や殺菌作用が加わる。家にいることが、すなわち森林浴に近いのなら、こんな贅沢はない。

建築の材料として、幹だけではなく木の皮（樹皮）も使われる。その筆頭は檜皮葺《ひわだぶ》きである。清水寺の屋根は檜皮葺き。島根の出雲大社（創建当時は栗の木羽葺《こばぶ》きであったと言われる）、広島の厳島神社も同様である。杉皮葺と言い、杉の皮を葺いた建築もある。

木曾五木の鼠子《ねずこ》は、建築用材として使われる。薄くスライスして細長い短冊状にして編み（つまり網代《あじろ》というものにして）天井板や衝立《ついたて》等としても使う。

高野槙《こうやまき》は水に強く腐りにくい。このため木棺《もっかん》の材料としても使われた。遺跡の発掘で出土する木である。

針葉樹も広葉樹も、建築のみならず、家具や道具の材料として、我々の生活を形づくり、時には薬品や化粧品の原料になり、防虫剤や脱臭剤として使われてきた。日本人は、この列島に生育する、実に多くの木々を、それぞれの特長から生活のあらゆる場面で使ってきた。

日本の山林や木材は、多彩な効用と美しさで、我々日本人の生活を形成してきた。しかし現代の我々は、豊かな資源との付き合い方を、ほとんど受け継いでいない。そもそも同じ日本列島で、静かに育つ、国土に眠る宝の存在を知る人も限られてきた。山林に近づく人も少なくなり、近年は災害の度に脅威として恐れるばかりである。

## 木1本2000万円

この木曾谷では、近年、檜1本に2000万円の値段がついたそうだ。そこまで高くないにせよ、市場で価値が評価される木はいまでもある。木と言えば、野菜並の値段になった杉と、花粉症を起こす杉と、災害で倒れる杉の話ばかりである。しかし銘木市場へ行けば、どこからこのような木が出てくるのかと思うほどの大木や銘木が並んでいる。実は資源はある所にはあり、知っている人は知っている、その価値をどう材木にして、誰にどう売ればいいのか、分かる人がまだいるのだ。

たとえば静岡では、特段、珍しくもない民有林から、1本100万円の木が出材《しゅつざい》されたこともある。行く先は、もちろん建築用材である。どこにでもありそうな山林にも値打ちのある木は存在している。人工林でも技能のある者が、枝打ち、間伐をし、手塩にかけた杉、檜は、市価の何倍もの高値で取引される。今でも山中では価値ある資源が出番を待っている。

しかし日本全体ではここまでに見たように、バラバラにしたり、粉々にしたりするための木ばかり需要が増える。つまり市場の中心は安い木ばかり。現在、日本でナンバー・ワンの消費はパルプ・チップ用材である。2019年現在、総需要量に占めるパルプ・チップ用材の割合は37・9％。製材用材は、パルプ・チップ用材の後塵を拝し30・9％である。

製材用の木材の需要は１９７３年の６７４７万㎥がピークだった。この年の製材用材が需要全体に占める割合は55％で、その後、激減する。１９９０年代後半に製材用材は、パルプ・チップ用材に首位の座を譲る。以降、順位は変わっていない。

さらに近年、急激に伸びているのが、再生可能エネルギーの燃料としての需要で、一番安い価格帯である。２００９年は32万㎥だった。しかし２０１８年には６１４万㎥になり、９年で１９００％の伸びである。

## 価値ある木が、結果的に追いやられる

日本の木の耐久性の高さや美しさ、効用、挽き方、使い方を知る人が少なくなったとは言え、高い木を求める需要は今も確実に存在している。供給も可能なはずなのに、両者が上手に出会えなくなっているのだ。

近年、少しでも標準から外れる用材は、探すのが難しくなった。木が奪い合いになることもある。最近も直径80㎝の檜の丸太を24本も探している人がいた。寺社仏閣の柱で

あろう。

木を木として使う人は、日本には木がなくなった、欲しい材が手に入らなくなった、と言う。彼らは往々にして、国産の木の「質」を求める。耐久性を重視する木造建築には同じ気候で育った日本の木がいいからだ。

木も材もないわけではない。建築用の無垢材を製材加工する者が減り、流通も細り、誰が持っているのか、誰に聞けばいいのか、分かりにくくなっているのである。ポテンシャルを考えれば、それなりの製材加工量、流通量を安定的に維持できるはずだった。

価値ある木と材の生産、加工、流通は、結果的に隅に追いやられている。安い木として売って欲しいという誘いばかりが来る。集成材や合板の材料、そしてエネルギーの燃料として、大量に必要になったからである。これらは、別に国産材でなくてもいい材料、特に木でなくてもいい燃料である。これも政策の影響が大きい。

木はあまねく使うことが大事で、良材ばかりが採れるわけではなく、安い丸太の売り先も大事である。しかし、そのバランスがおかしくなっている。日本の政策は、しばしば新しいものに飛びついては、やり過ぎ、行き過ぎる。それにより失われるものに、想像力が行き届かない。目的と手段が逆になり、そして本来の目的も損なわれていく。

政策で林業の「生産量を上げる」「自給率を上げる」という目標を掲げる。そこには「いかに量を出すか」ではない、「いかに高く売るか、質を売るか」の視点が欠けていた。いくら「量」を、捌《さば》いたとしても、それが切り売り、叩き売りであれば、その先は続かない。資源を出せば出すほど、山林も山村も疲弊する。そして現場では、山や木に携わる人の思いや考えが失われていく。これが最悪である。

**木拾表**

山間《やまあい》の製材所で見せてもらった木拾表《きびろいひょう》に、製材品1㎥30万~40万円という見積が書かれていた。木拾表とは、木造の建築にあたり、建築のどこに、どのような種類の木材が、どれぐらいの寸法で必要なのか等を示した表である。30万~40万円なら立派な値段だ。この木拾表を見たのは、令和に入ってからである。木材の等級も示される。この見積は、寺社仏閣ではなく、普通の木造住宅の材料であった。もとの丸太の価格も高い。こういう木を作りたい林業家もいるのだ。

こんな木を家に使うと、とんでもなく高くつくのではないか、と読者は思われるかもしれない。しかし、ふんだんに国産の無垢の木材を使ったところで、そのコストは建築総額の一割程度である。つい先日見た、石場建てに、木組みで作られた「伝統木造」で使われている木材はすべて国産の無垢であった。大黒柱は八寸（約24㎝）、壁には外壁も内壁も漆喰が塗られていた。外からはもちろん、室内にいても木が見える。この住宅の木材費の建築総額に占める割合は15％であった。「伝統木造」そのものも、工業化住宅に比べて異常に高いわけではない。それに宣伝広告費等も含まれておらず、ほとんど実費だ。

木造建築には「伝統木造」だけではなく、「在来木造」があることは話した。建売住宅などは、「在来木造」やツーバイフォー（枠組壁工法）である。在来木造やツーバイフォーで使われるのは、大量生産された木の製品で、それも外材である。仮に国産材が使われることがあれば、和室の見えがかりぐらいだ。

丸太は品質によってA、B、C、D材に分けられることも説明した通りで、木拾表で30万～40万円とあるのは、もちろんA材の丸太を製材したものの価格である。

**玄関庇柱『上小節』40万円**

先の木拾表には「玄関庇柱に『上小節』40万円、差し鴨居に『芯去三ム』33万円……」とあった（価格の単位は1㎥あたり）。玄関庇柱《げんかんひさしばしら》や差し鴨居とは、建築の部位のこと、「上小節《じょうこぶし》」と「芯去三ム」は製材品の状態、品質、つまり等級である。上小節とは枝の跡である「節《ふし》」が小さく、あまり見えない製材品をさす。「芯去三ム」の「芯去」は、木の真ん中の部分「芯」を外して採った材のことで、さらに「三ム」は、三面は節がないという意味である。室内から見えるところには、この節がない面を使える。

もう少し身近な話にしよう。皆さんの家に和室があれば、少し注意を払って眺めて頂きたい。和室の縦（柱）や横（長押《なげし》）に渡る木材に「節」が見えるだろうか。その答えは、8割がたノーのはずだ。通常は節のないグレードの高い木材が使われている。

山で木を育てている時に、上手に枝打ちされた材は、材面には節がないか、あまり見えなくなるので、製材品のランクが上がる。つまり製材品も、前段階の丸太も高い値段がつく。そして得られた利益は山林と立木の再生産に還る。

現在では節があるのは自然であり、学校などは教育効果も考えて使うようだ。しかし一般には、節の種類（幹の組織と繋がっていない「死に節」や「抜け節」など）によっては強度が落ちると見られたり、和室に使うには見た目も悪いと見られたりするため評価が低くなる。

## 一棟買い

中小の製材所には、今でも家一軒を建てるのに必要な木材を、ほぼすべて揃えてくれる所がある。これを「一棟買い」または「邸別発注」と言う。先の「木拾表」を見せてくれたのも、この種の製材所である。戸建住宅の一軒分の構造材から、造作材《ぞうさくざい》、端柄材《はがらざい》を顧客に揃える。構造材とは、建築の構造をつくる部材。造作材は、化粧材《けしょうざい》とも言われ、建築内部で人の目に見える仕上げに使う材料である。端柄材は、葉柄材や羽柄材とも書き、構造材や造作材以外の材料である。

発注後に挽く材もあれば、在庫している材もある。少量多品目である。もちろん、すべて無垢材である。このややこしいオーダーに、うまく対応できるのは中小の製材所である。

また中小の製材所は歩留まりが高い。それはつまり原料の丸太から効率よく製材品等を取っていることを意味する。彼らは、一本の木の性質を見て、それに合わせて、きれいに使おうとする。

一方、大型工場は、自動化が進み、木一本、一本に合わせていられない。このため丸太から身として取る部分が少なくなる。残ったものをすべて粉々にしてエネルギー燃料に利用しているのならば、見ようによっては無駄なく使っていると言えるのかもしれない。しかし木は、なるべく価値ある使途の割合を高めるのが理想である。木材は、同じようなものを早く、安く、大量に生産しようとすると、かえって全体の価値を高められない。

## その日が来た時のために

製材所から一棟買いで木材を調達するのは、工業化住宅ではないし、パンフレットを見て「買う家」でもない。国産の無垢材が向かう先では、木に対する見識と技能のある職人たちが待っている。彼らが手がけるのは、かなりの確率で、我が国の「伝統木造」か、それに近い木造建築である。「大工棟梁が建てる家」である。建築基準法に従って、あちらこちらに建築金物が使われているかもしれない。しかし髄は、木を組んで作られている。

柱と言っても、その大きさもいろいろ。いつかその日が来た時のために、大量に在庫を抱えている製材所や銘木商もいる。国産の無垢材を求めて、木造住宅を建てる施主がいるからである。材木商は在庫を持ってなんぼの業種であった。在庫は負債と評価される時代に、時代に抗《あらが》い、自分の生業《なりわい》を守り通すこと、伝えなければならないことのために、奮闘されている。

邸別発注を受ける製材所を見学していたら、家一棟分の木材を積んで、大型トラックが出て行った。トラックが向かう先で、木材の到着を待っている施主は、この製材所にも足を運んでいる。施主は、どこに生えていた立木を、どう挽き、どう乾燥させたかも知っている。今の言葉で言う「トレーサビリティ」は万全である。しかし辺りを見渡すと、我が国土である山林や文化、伝統と結びついた住空間に住める人も非常に希な存在になった。

## 数百年、生き永らえる木

野菜の値段と変わらなくなった木を大量に出すより、山から伐り倒した後も数十年、数百年、建築として、生き永らえる木を育てたい。そう考える林業家もまだいる。我が国の歴史的建造物の修復を考え樹齢数百年の木を育てる、と言い切る方もいる。その木が必要とされる日が来た時、自分はこの世にはいない。しかし、今、自分が手塩にかけた材が必要とされる時が来るからである。このような木を育てられる方、育てて下さる方は少なくなった。

本人の手元にお金はほとんど残らないのかもしれない。しかしこういう林業家のみならず、手間のかかる伝統木造を建て続ける棟梁も、自分の生業が社会から求められ、社会で担うべき役割を、地道に果たそうとしている。彼らを追い込んでも、社会はなおもその大切さに気づかない。

本当の林業とは、今、儲けようとすると、儲からない。そういうものではないだろうか。本来、どの産業も林業と同じだと思う。しかし林業では、人の行為を評価するのは自然である。自然に対して、人が同じ生き物として良心というか、理性を持って接しなければ、林業は産業として成立し続けることができない、そういう根本的な原則が生きている。林業では、人の成したことに対して、自然から率直に評価が還ってくる。

# 第8章　林業機械から分かること

## 森は町の延長にある公園

林業が基幹産業となっている欧州では、林業技術の展覧会が大々的に開催されている。会場には、世界各国から数百台の林業機械が集められる。屋外の広大な敷地で、数百台の機械が動く。本章では、スウェーデンのエルミアウッド（ElmiaWood）、ドイツのインターフォレスト（Interforst）、そしてオーストリアのオーストロフォーマ（Austrofoma）、3つの展示会を紹介しよう。

スウェーデンの森の中、エルミアウッドの会場は、ずっと歩き続けても時間が足りないほど広い。しかし日本林業の現場を思えば、歩き疲れることもない。むしろ来場者の多さに立ち往生した。欧米の調査では、オフィスにスーツと皮靴で訪問し、その恰好のまま作業現場へ向かうこともある。森は町の延長にある公園のようなものだ。日本のように山に入る身支度と心構えをしなくてもいい。

日本の現場には、今でもスパイク付きの地下足袋でなければ、現地到達さえ難しい所や、人一人がやっと歩ける細道しかないという所もある。

一方、スウェーデンの森林は、起伏の乏しい平らな大地が続く。森林の中を走るハイウェイの左右を埋めるのは赤松ばかり。たまに赤松のリズムを変えるのは、林縁（林のふち）に生えるカンバ（樺）ぐらいである。ここで営まれている産業を、日本と同じ「林業」と呼んでいいものか戸惑うほどである。

ヨーロッパが「森林」の林業ならば、日本は「山林」の林業である。日本が「山岳」から流れ出す川の水を飲んでいるのに対して、ヨーロッパは「大陸」を蛇行する大河の水を飲んでいるようなものだ。山岳の水と大陸の水の違いである。そこに発展した人の思考、その現れでもある社会、そこで考え出される技術や制度も、まるで違う。

## 森の中にできる大型林業機械によるスムーズな生産ライン

ドイツのインターフォレストはミュンヘン郊外のメッセ会場で行われ、公共交通機関でアクセスできる。会場には所狭しと機械が並び、機械を何メートルも動かすデモは難しい。

これに対し、オーストリアのオーストロフォーマもエルミアウッドと同様に都市部から離れた森で行われ、実際の立木を用いたデモンストレーションも行われる。敷地に余裕がある会場は平日で、大型機械のハーベスタやプロセッサ、フォワーダを用いた一連の作業デモを見ることができた。

ハーベスタとは、地面から生えている木を摑んで伐り倒し、枝を払い、所定の長さに切り落とすことができる機械である。プロセッサは木を摑んで送り、枝を払い、所定の長さに切り揃えることができる機械だ。しかしハーベスタのように、伐り倒すことはできない。フォワーダは丸太を積んで運ぶ機械である。日本にもこの3タイプの機械は多く入っている。

フィンランドのポンゼー社のブースでは、ベアー（熊）、スコーピオン（サソリ）という名のハーベスタ、エレファント（象）、バッファロー（水牛）という名のフォワーダの共演を観た。ハーベスタの後から、フォワーダが続き、木材を摑み上げて集材していく。巨大な機械によるスムーズな生産ラインが、次々と森の中に作られていく。

ちなみにこれらのエンジンは、メルセデスベンツが供給している。ヨーロッパの林業機械のエンジンは、自動車メーカーも提供している。

走行、旋回を請け負うベースマシンや、ブーム、アーム（いずれも機体から伸びている腕のようなもの）は林業純正である。大型機械でありながら、爪先《つまさき》から手の指先まで、有機的に繋がった一つのボディが一体的に動き、滞りなく作業が進む。

ところが、このハーベスタやフォワーダが、日本では自在に動けなくなる。身動きすら難しいベースから無理矢理手を伸ばして立木を摑まなくてはならないからだ。険しい山地で、重い機体を支える足は機動性を失い、欧州では自由に動く手の動きもぎこちなくなる。

ドイツの展示会では、狭いブースでも、大型機械が自由かつ柔軟に動いていた。車輪で走行するというよりむしろ、車輪の付いた多脚を、上下左右に動かし、不整地を歩いているという感じだ。海外の林業機械は、いくら見ても見飽きることがない。

大型機械を、これだけ自由に動く造りへと進化させた背景には、地盤への信頼と地形のシンプルさ、そして比較的単調で、鬱蒼とは生えて来ない植生もあるだろう。

## 日本と欧米の機械化の決定的な違い

日本と欧米の林業の機械化で何が違うのだろうか。決定的なのは、非常に条件の良い土地を除き、日本の山林では、大型機械は人が作った道の上しか走れないことだ。そこから手（アーム、ブーム）を伸ばして、作業せざるを得ない。林業機械が走っていける路網密度は22m／haで、いくら海外から大型の林業機械を導入しても、それほど生産性が上がらないのは、当たり前なのかもしれない。ところが欧米の森林では、大型機械が道を外れて、そのまま道なき道を、作業地に向かって走破できる。

こうした大型林業機械を日本はどれだけ買っているのだろう。日本では林業機械を大きく高性能林業機械と在来型林業機械の二つに分けており、大型林業機械は主に高性能林業機械の方を示す。

高性能林業機械は、堅苦しく言うと、農林水産省が1991年に発表した「『高性能林業機械化促進基本方針』に掲げた多機能を有する作業性能の高い伐出用機械および育林用機械」である。最近は、先進林業機械という名称も使われる。大きくて重い機械である。この高性能林業機械の多くは欧米で開発されたものである。それにアタッチメントを取り付ける。アタッチメントは、海外から輸入したものか、国内で模倣して造ったものである。先に述べたハーベスタやフォワーダは、この高性能林業機械に当たる。これら大型機械は、日本では行政主導で台数を増やしてきた。

国内には1988年は高性能林業機械が23台しかなかったが、2019年には10218台になった。約30年で1万台以上増えたことになる。現在、従業者5、6万人の林業に重機1万台が増えたのである。

新しい技術を導入することは大事なことである。大枚叩《たいまい》いても、元を取るだけの役目を果たしているのなら疑義は唱えない。しかし海外発の大型機械の激増に伴い、死傷事故が急減したわけでも、生産性が急増したわけでもない。

これらの高性能林業機械は1台数千万円するもので、価格の半分に補助金が出る。全額補助金で買えた時期もあった。

しかし日本と海外の環境の違いはすでに述べた通りだ。日本にこの機械を使いこなせる現場がどれだけあり、使いこなせるオペレータがどれだけいるのだろうか。

かつてこうした大型林業機械を補助金で買うことを勧める大々的な事業があった。当時現場では、海外から買うことになった林業機械を、どこで動かせて、どのような作業をさせられるか、場所を探していた。通常の投資では考えられない逆転の発想である。生産性を上げるために選ぶのは作業地ではなく、機械（手段）の方であろう。

日本に大型林業機械を納めた海外メーカーの担当者は「日本に入れた機械は、ヨーロッパの3分の1しか動いていない」と言い、こうつぶやいた。「日本は補助金で林業機械を買うから、ヨーロッパ人のように、機械購入で借りたお金を、働いて、稼いで、銀行に返さねばという必死さがない」

さらに「日本はお金があるからね」とも言われた。林業機械について言えば、お金の出所は、半額、または全額が補助金である。日本にはお金があるのではなく、借金があると筆者は説明した。

日本林業では、いつでも、どこでも、同じようなことが繰り返される。ある事業体が機械を買うか、買わないか、といったディテールまで、行政が補助金で意思決定してしまう。これでは現場が本質的なことを考える意志も気力も失ってしまう。たとえ時間がかかっても、現場の発意で動き出す「産業」に戻すことが大事であろう。

## 日本林業で活躍する在来型林業機械と架線集材の機械

高性能林業機械に対して、在来型林業機械があり、これは昔から日本林業で使われて来た機械で、代表格はチェーンソーである。従業者数は5、6万人の産業に、チェーンソーは統計上13万台あり、実際に一人で、何台も所有している。いわば日本林業の主力機械である。日本林業では、このチェーンソーの台数からも小型軽量で人が持ち運べる機械を使う場面が多いのが分かる。

そして車に木を積んで運ぶ車両系集材に対して、架線系集材がある。日本林業で重要なのは、架線集材の機械である。架線集材とは、空中に張ったワイヤーなどの線に、伐りだした木を吊って運びだす方法のことだ。

後でも在来型林業機械のうち、架線集材の機械である「集材機」について触れる。この集材機については、昭和製が現役で動いている。高性能林業機械が急増する傍ら、現場では在来型林業機械も活躍している。

昔々、日本では山から川に木を流して運んでいた時代もあった。今でも車両が入らず、架線でしか木を運び出せない所がある。チェーンソーを持った人が一人で山に入って、木を伐り倒し、そこから架線で出す。現代では、そこへヘリコプターが飛んでいき、木を吊って運び出すこともある。ヘリで集材するほど価値ある木が、日本の山林には眠っている証拠でもある。しかし、こうした高価な立木の収穫に、大型林業機械の出番はない。大事な木ほど、熟練した人が伐り倒し、そして運び出す作業も丁寧に行われる。チェーンソーやラジキャリ（自走式搬器）、集材機と呼ばれる、在来型林業機械が使われる。

## 生産性より安全性

日本林業の生産性は高くはない。しかし生産性を問う以前に、安全性に問題がある。死傷事故は２０１１年まで年間２０００件を超えており、２０１０年には59人が亡くなった。２０１９年の死傷者は１２４８人、うち死亡者は33人であった。死亡事故は、近年も年間40人前後を推移したままである。１週間から10日に１人の頻度で発生している。筆者が受けたチェーンソー講習では、「20歳から還暦まで40年働くと、25人のうち１人は亡くなる」と言われた。

労働災害の強度を示す指数に「年千人率」がある。その産業において、年間、どれぐらいの死傷者が出るかを千人あたりで示した数である。２０１９年の全産業平均２・２に対して、林業は20・８（２０１７年は、それぞれ２・２と32・９）。ちなみに同じ一次産業でも農業の値は５・２、漁業の値は７・３。死傷事故が多過ぎる、このため保険も高く、従業者を正規に雇用しづらい。ここにも林業の制度上の課題がある。

一番危険なのは、立木を伐り倒す伐木作業である。この過程で、致命的な労働災害が発生する。２０１４年から２０１６年の死亡者１２１人のうち84人、つまり死亡事故の約7割が伐木作業中に発生している。立木は細く見えても、数百キロはある。少し太いなと思えば、1トンの重さはある。

筆者が山中で開発機の実証実験をしていた最中《さなか》、突然、頭上から大枝が落ちてきたことがある。斜面を移動している時に、滑り落ちたこともある。立っているだけでも、歩いているだけでも日本の山林は危険である。急傾斜地で立木を伐り倒し、その枝をチェーンソーで伐って落とす。これだけでも筆者は、険しい山中で握るチェーンソーの重さに力尽き、尻餅をついたことがある。

大型機械に乗っていれば、災害の原因である立木や刃物に接触することもない。キャビネット（操縦室）には空調やオーディオも装備でき、労働環境は格段に改善される。日本の山林でも適所には入れるべきだと思う。どのような手段を講じても、過酷な作業を軽減する必要がある。しかし日本では、「大型機械と共に斜面をずり落ちる」「キャビネットから投げ出される」「作業中に斜面が崩壊して機械ごと流され、操縦者が死亡する」等、欧米では考えられない事故が起きている。大型化が一概に安全とも限らない。

大型機械の性能をフルに発揮させ、通常の産業活動と等しく、採算を取れるまで動かせる現場は、国内では北海道や富士山麓の一部ぐらいではなかろうか。海外では高額な機械の採算を取るため、交代制で夜間もライトをつけて稼動させるところもある。しかし、山中で夜間に大型林業機械を動かすなど、日本では危なくて考えられない。日本では、チェーンソー伐倒ですら、夕暮れになると山から引き上げてくる。

## 滞ることのない作業全体の流れが林業の生産性を左右する

ドイツの田舎では、農業機械が一般道を自走している。この農業機械の背中にウインチを搭載すれば、林業機械に変身する。走行の様子を観察して、ドイツの地盤の固さが羨ましくなった。しかも、その農業機械がイタリアのランボルギーニ製であったりする。カッコよすぎて、エンジニアもデザイナーも、楽しんでいるとしか思えない。

日本では、まず、どこまで、どうやって、大型林業機械自体を入れるかが問題になる。なぜなら日本では、林業機械は一般道を自走することはできないからだ。現場まで林業機械自体を運搬しなければならない。日本では林業機械をトラックやトレーラに乗せ、里を走って、山の入口まで運ぶにも一苦労である。道幅が足りない、曲がれない。路面が割れたり、橋が落ちたりする心配をしなければならない。

日本では仮に伐倒作業で生産性を上げることができても、次の運搬（集材、運材）で行き詰まる。林業の生産性は機械単独の性能だけでは決まらない、山から里まで、滞ることのない作業全体の流れが林業の生産性を左右する。

## 林業における情報通信基盤

ヨーロッパの林業は、ソフトのネットワーク開発でも日本の先を行く。スタンフォードが好例だろう。スタンフォード（StanForD：Standard for Forest machine Data and Communication）とは、もともとは林業機械間のデータの規格を定めたデファクトスタンダード（事実上の標準）である。林産企業が集まって開発し、現在、北欧を中心とした林産メジャーで使われている。このスタンフォードが拡張され、林業における生産、流通の一つの情報通信基盤をつくりつつある。

オペレータが、重機の腕先で立木を摑むと、キャビネットの画面には立木の直径、そしてどの長さに切ると、いくらで販売できるかが表示される。これにより瞬時に生産の最適化を図ることができる。

中央ヨーロッパではほかにもいくつもの林業用ソフトの開発が進んでいる（Felixtools、

Forest Mapping Management、DAM-EDV、Latschbacher など)。北欧は車両系の林業機械に強く、中欧は主に架線系に強い。それぞれ独自の開発が進んでいる。彼らはコピーが嫌いだ。

## 町中の玩具店にも林業機械の模型

２００６年にオーストリアの林産企業で見たのは、架線集材の精密な模型を用いたトレーニング風景であった。真剣そうでありながら、なんだか愉しげにも見えた。２０１７年に行ったエルミアウッドでは、親子がシミュレータで真剣に遊んでいる姿が見られた。子供がディスプレイに映された木を伐り倒していたのだ。

キャビネットの中にある設備は、操縦レバーや操作盤、操縦席を含めて、実物と同じもの。前に置かれたディスプレイには、現場の映像が写し出される。立木の伐倒の衝撃の影響を受けて座席が動くのも再現されていた。トレーニングというより、ゲームに夢中になっていたら、いつの間にか実機も操縦できるようになるという趣向である。

エルミアウッドには、小さい子供を連れた家族や、父と息子、そして青年が集まって遊びに来ていた。町中の玩具店でも、林業の大型機械の模型が販売されていた。彼らにとって林業は、厳しい自然環境下で死傷と隣り合わせの労働ではないのだろう。

### スイスの集材機

スイスのヴィッセンの集材機は合計4トンの重さの木を約2000メートル吊って運ぶことができる。日本の集材機とは違い、搭乗するのではなく、機械の横で操縦する方式だ。フォルクスワーゲンのターボディーゼルモータを搭載している。ブースの技術者が、久しぶりに日本に輸出すると言っていた。

日本では、官主導で高性能林業機械を1万台増やしたにもかかわらず、集材機については、昭和40年代製のプレートを付けた日本製が現役で活躍している。この集材機は日本に適った林業機械のお手本のようだと思う。

しかし、もしワイヤーが切れたら、正面の操縦者の席に飛んでくる。これが極めて危険だ。ヴィッセンの最新機は非搭乗型で、この心配が軽減される。日本林業で、死亡事故の原因となるのは、「倒れてくる立木」と「高速回転する刃物」、そしてこの「引きちぎれて飛んで来るワイヤー」である。そこに人を近付けなければ、それに起因する死傷事故はなくなるはずである。

## 我々が目指す中庸を行く機械の開発

ここで筆者らが開発している林業機械について紹介しよう。目指したのは、日本の現場から発想した開発である。立木を伐り倒すマニピュレータ、そして不整地で重量物を運んで走るモビリティである。試行錯誤の過程で10機ほど開発してきた。在来型林業機械でも、高性能林業機械でもなく、その中庸を行く機械システムの提案である。危険物（立木、刃物等）から距離を保つことができれば、作業者から労働災害を排除できるはずだと考えた。

立木を伐り倒す小型機械はＴＡＴＳＵＭＩ（巽）と名付けた。小型・軽量で、人が持ち運べ、市販のチェーンソーを着脱して使う。切削精度は高く、安定している。まだコンセプトを実証したに過ぎない、しかし小型軽量でありながら、長大異形で重量のある立木を、力ではなく、伝統的技能を機械システムで再現することで、安全に伐り倒す。

機械設計の方針のいくつかを紹介しよう。現場で調査を続け、得たものである。これは日本機械学会の論文やＡＩＳＴ（産総研：国立研究開発法人産業技術総合研究所）の論文などで、技術開発と共に発表してきた。

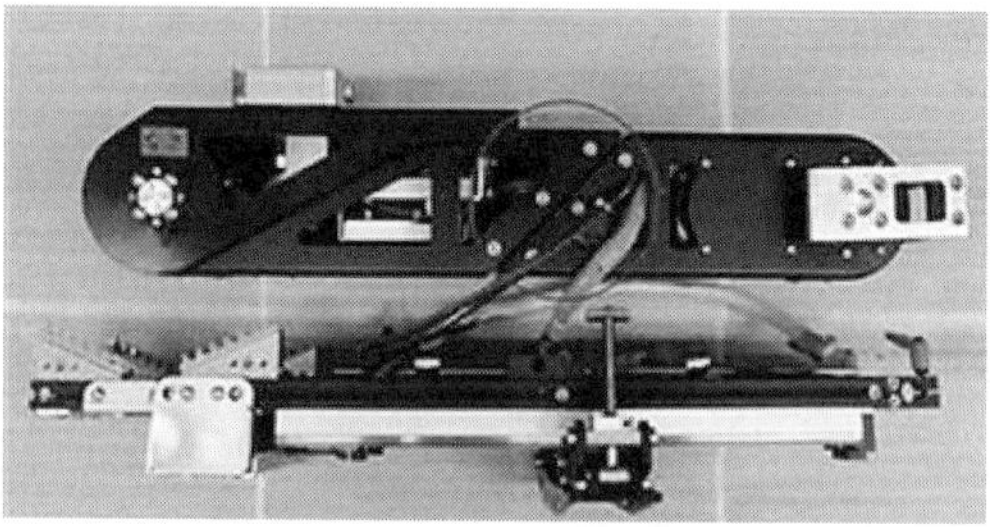

・TATSUMI（右上、右下、左上）
小型軽量で、市販のチェーンソーを搭載し、遠隔操縦で立木を伐倒する。持ち運びしやすいよう２つのパーツに分けられ、簡易に組み立てられる。右上は２つのパーツに分けた時、右下は設置時、左上は伐倒した時の様子。
・モビリティ（左下）
林地内の不整地を走破し重量物を運ぶ。

・ハードウェアの「形」と「機構」を突き詰めた必要最少の機械装置。
・機械装置が生み出すシンプルな動きで、多様な環境と多様な作業に対応する。つまり、あらゆる環境において、あらゆるパターンの作業を実現する、シンプルな動き、それを生み出す機械装置を目指す。機械装置そのものが、あらゆるパターンの作業を実現するのではない。
・日本柔道のように、相手（対象物）の形や重さを利用した仕組み、巧みな技で仕事ができる機械装置を目指す。これにより小型軽量化を実現する。

この機械設計の方針と似た発想を持つ日本の在来型林業機械に「集材機」がある。昭和の機械が、今でも現役で動いていることは述べた。集材機自体は、ワイヤーを繰り出し、巻き取るだけの機械である。大抵の山林で木を集材することができる。またチェーンソーも、機械そのものは刃を回転させているだけである。しかしこのチェーンソーで、たいていの立木を伐り倒すことができる。

現実の世界において、あらゆる環境で、あらゆる作業に対応させようとすると、機械の作り方によっては、手取り足取り、事細かに、仕様（スペック）を決めなければならないことになる。そうすると現実の世界では、かえって使いにくいものになってしまう。この設計方針について考えている時、社会制度のことが思い出された。自然を相手にする時、それが木であり、人であり、機械も制度も同じかもしれない。事細かにややこしい制度で画一的な社会に縛り上げるのではなく、シンプルな仕組みで、多様な社会に対応してはどうだろうか。

# 第9章　いつの間にか国民から徴収される新税

## 輸出が伸びても簡単には喜べない

国産材の輸出が始まり、近年急増している。これを、「森林・林業白書」（林野庁）はポジティヴに評価しているようだ。確かに木材輸出額は2001年の73億円から2018年には351億円へと約5倍に増えた（2019年は346億円）。輸出金額の内訳は丸太42％、製材17％、合板等20％である。筆頭の丸太は、日本国内で製材加工はしていない、つまり原料の輸出である。九州南部の志布志湾《しぶしわん》からは、最大の輸出先である中国に大量の丸太が運び出されている。

この丸太の輸出についてはある製材所の社長も立腹していた。またある省庁の官僚は「そもそも国際競争のルールに反しているのではないか」と漏らしていた。つまり、民も官も評価していない。

なぜ真っ当な評価が難しいのか。それは日本から輸出している木材の生産には、多額の補助金がつぎ込まれているからである。山に道を造るにも、林業機械を買うにも、そして山中から立木を間引くにも（間引いた木も販売している）、何事にも補助金がついている。その結果、日本の木材が国際競争力を得ているとしても、補助金の力にすぎないではないか。税金を投じた、破格のバーゲンとも言える。

原木をそのまま輸出していては、製材加工で生じる付加価値も雇用も日本ではなく海外に落ちる。まずは補助金を取り戻す仕組みと、国内の製材加工業や山村を潤すことを考えてから輸出を伸ばしたい。米国では自国の製材加工業を守り、育てるため、公の森から出る原木を輸出するのを禁じていた時期もある。いかに自国の国土と産業、一次産品を守るかに頭を使っているのだ。

ちなみに、集成材の場合、ラミナ（集成材を構成する個々の材料）は、加工賃が安い海外で作り、日本で最終製品に加工することがある。これは単に原木を輸出するのとは異なる。

## 政策の一振り

ヨーロッパでは特定の地域への補助金が、競争を歪めることがないように配慮して制度設計を行っている。偏った補助をすれば、補助が得られない地域が結果的に不利になるからだ。ところが、日本は地方公共団体がバラバラに補助金を付けるため、不平等が生じている。ある都道府県の過剰な補助金で、その地域の安い木材が価格競争力を持ち、結果として全国的な木材価格の下落を招いた、と不評を買ったこともある。

天然資源や一次産品の輸出入は、政策に影響されやすい。こと木に関しては、我が国も海外各国の方向転換に影響を受けてきた。これまでにもある外国の政策で、事実上、輸入が止まった影響で、扱っていた製材所が軒並み倒産したことがある。

伸びている輸出も、いつ何時ストップをかけられるか分からない。しかし、せっかく輸出の契機を得たのである、海外に打って出る攻めの戦略が欲しい。

日本が輸入している木材の内訳は、2019年現在、丸太が8％、製品が85％である。大半は原料ではなく、海外で製材加工された製品だ。つまり海外の雇用と経済に貢献してから、日本に上陸している。1958年の日本の輸入構成は、丸太9割に対して、製品は1割未満であった。その後、海外で製材加工され、製品となった木材の輸入が急激に伸び、現在は丸太1割未満に対して、製品9割と逆転する。

日本は輸入のみならず輸出でも、今のところ作戦負けかもしれない。

## 2012年に生産額は底を打つ

政治家と官僚に話をして欲しいと、ある会合に呼ばれたことがある。2011年の年の瀬も迫った頃だった。年末年始を返上して準備した。限られた時間で何を話したらいいか、検討を重ねた記録が手元に残っている。

年明け早々の会で、「補助金で、全国各地から同じような木が一斉に出てきたら、木の値段は下がります」と筆者は述べた。その2012年には、ついに「林業産出額」は4000億円を切り、3980億円になる。そして「林業産出額」のうちの「木材生産額」は2000億円を割り、1966億円になった。ちなみに、この「林業産出額」は、木材生産額と栽培きのこ類の生産額で大半を占める。

この2012年より前の2008年には「木材生産額」2138億円に対して「栽培きのこ類生産額」が2239億円となり、きのこの生産額が木材生産額を超えた。木材価格は、スーパーの野菜には単価で並び、きのこには総額で負けたことになる。

需要のパイが広がらないのに、伐れば補助金はもらえる。こうして誰がいくらで買うか分からない木が大量に市場に出てくれば、値段は下がっていく。当然であろう。この2012年、林業が産出する額が底を打ち、原木市場では、売れない木の山が並び、この木を買って下さいと呼びかける悲痛な声を聞いた。競りの機能を見失い、ひたすら安い木をさばく場となった市場もある。参考までに2012年「木材生産額」1966億円に対して、林道と造林の行政投資実績額だけで2394億円と木材生産額を超えている。

直近で公開された林業産出額（2018年）では、ようやく5000億円の大台を回復してきた。これは2000年以来18年ぶりである。しかし、まだ木材生産額は2648億円に過ぎない。2018年の林業産出額の内訳は、順に製材用素材等45・6％（2289億円）、栽培きのこ類生産44・9％（2256億円）、燃料用チップ素材4・9％（247億円）、輸出丸太2・2％（111億円）、林野副産物採取1・2％（59億円）、薪炭生産1・1％（55億円）である。

補助金額について「森林・林業白書」は触れない。筆者が『森林の崩壊』で示すまでは、一般にもあまり知られていなかった。補助金は公のお金であるのに、関係者も、この制度にコメントすることに躊躇する。なぜなら行政にモノ申せば、もらえなくなる恐れがあるからである。そして今、黙って補助金をもらっておかなければ、次からもらえなくなる不安がある。さらに補助金でやったことは「うまくいった」としか、公には報告されない。これは現実の話である。補助金をあげる人と、もらう人の閉じられた世界。補助金は、この閉じられた世界では、誰も損をする人がおらず、そして国家の借金が増える仕組みと言えるのかもしれない。

２０１０年度には行政投資実績額は、林道と造林だけで３０６７億円、これに対して木材生産額は１９５３億円。林道と造林だけで木材生産額の１・５倍に到達していた（文中に示す金額は国、都道府県、市町村の合計値である）。林業では、木材生産額以上の補助金が動いている。この現状には他省庁の官僚も驚いていた。

林業の補助金は国と都道府県が出すものや県単独で出す「県単《けんたん》」と言われる補助金等もある。

１９８９年（平成元年）以降の行政投資実績額（国、都道府県、市町村の合計値）を見てみよう。ピークは1998年で、林道4429億円、造林1744億円、二つ合わせて約6100億円を超える。この行政投資実績額は、公表されるまでに、少々時間がかかる。公表されている最新年度は、2018年（平成30年）である。平成元年度から、この平成30年度までの金額を足してみる。30年間で、しめて林道7兆9822億円、造林4兆466億円。合わせて12兆288億円を超えている。林業には、この林道、造林以外にも、まだ他に様々な補助金がある。

一方、この間の木材の生産額の合計は10兆6716億円、そして栽培きのこ類生産額で6兆4889億円、それら合わせて17兆1605億円である。

## 補助金に縛られる日本林業

補助金制度を抜きにして、日本の林業を語ることはできない。何をするにも補助金が用意されている。林業の補助金は、林道、造林のみならず、林業機械を買うにも、バイオマス用のチッパー（木を小さく砕く機械で、バイオマスプラントで使う燃料を作るために使われている）を買うにも、あれにも、これにも補助金が用意されている。

現場では、補助金をもらうための作業に、本業とは別の要員を必要とする。現場はリアルな世界で、実体を動かすことが仕事である。林業をするために補助金をもらっているのか、補助金をもらうために林業をしているのか、分からなくなる。

欧州の行政機関で、林業の公的支援制度について聞いてみた。

「現場の人が使う制度は、いかにシンプルに作るかが肝要だ」と、端的に答えてくれた。現場の都合で制度を設計するのか、行政の都合を優先するのか。どちらが産業の発展に寄与するのかは明らかである。

戦後の復興期や新産業の立ち上がり期でもあるまい。現代において補助金は、社会や産業基盤の整備や補償など、ベースを堅め、最低限を守るために投じるものである。過当競争を招くようなものであってはならない。特定の企業や地域の競争力に、結果的に加担するようなものであってはならない。木材価格を引き下げてしまうような制度は、設計がおかしい。

量と価格の需給バランスを考えず、全国で丸太が市場に供給されれば、その値段は下がる。補助金の力で、同じような大規模工場（大型の製材所やバイオマスプラント）を、あちらこちらに整備するのも同じである。このような制度設計では、瞬間的に数字を出せても、時間の経過と共に業界内で共倒れが始まる。

林業といえども、補助金は支援した事業が軌道に乗るまでの手助けであるべきだ。目標に近づけば、次第に減り、なくなっていくのが前提である。いつまでももらえないとなれば、現場も、補助金で凌ぐことに意味を見いだせなくなる。あくまでも自立するために補助金を活用するようになるだろう。

## 補助金にみる日本の特異性

バイオマス関連の勉強会で、ある地方公共団体の方が、「省庁から何億もらって、こんなものを買って、こんな失敗をして……」と報告していた。最後に彼は「みなさんも、補助金を獲得しましょう！」と話を締めくくった。獲得した補助金の額が、彼の組織内では、彼の人事評価に繋がるのだろう。彼が悪いのではなく、そういう仕組みだから仕方ないと言えば、それまでだが。

また別の人は、補助金でチッパーを購入したものの、結局、使えなくて、置きっぱなしになっている、と発言していた。そもそもこの発表会を聞いただけでも、買ってみたけど用を成さず、そのままになっているものに、どれだけの補助金が費やされたのだろうか。置物と化した買い物に費やされた補助金は、将来に借金までして捻出したお金でもある。誰がこの借金を返すのだろうか。

補助金をめぐる現状が当たり前だと思う人と、逆に変だと思う人がいる。昭和の初め頃は、林業の現場も、お上から補助金を頂戴するなんて滅相もない、という感じだったと聞いたことがある。当時の人が、現代の我々を見たらどう思うだろうか。時代とは、それなりの人を作ってしまうのかもしれない。

林業政策を見ていて疑問に思うのは、どれだけ予算を獲得したかで評価され、その後は、補助金その他で予算消化に邁進するのが仕事になっている部署が、役所に存在していることである。そして優秀と言われる人ほど当たり障りのない報告に長ける。このような能力を磨いたところで、産業の成長に貢献するだろうか。彼らもこれが本意であろうはずがない。役所の人事評価を変えれば、本質的な改革が劇的に進行する可能性がある。

新しい予算獲得に向け、次々に打ち上げ花火を上げて予算の取り合いをする。それは「予算獲得のための事業」なのか、「事業のための予算獲得」なのか、聞きたくなるものもある。無責任は将来の借金として姿を現す。予算を借金と言い換えれば、皆で競い合って借金を作っていることになる。

## 補助金政策にポリシーはあるのか

近年の酷さは、何にでも補助金をつけることである。これは林業以外にも言えそうだ。見るからに成果が出そうな所へ補助金をつけて、当り前に出る数値を評価する。これでは本当に困っている所に支援は届かない。そして補助金で全国津々浦々、国民に何か同じことをさせようとする。日本はどこよりもよく出来た社会主義だと言われても仕方ない。

時の流れは、変化を生じる。それに対応するために、人も組織も変わる努力をする。その変化の差分を、社会や他人への不満に変えるのではなく、自分で考え、人と力を合わせ、工夫し、乗り越えることで、人も組織も、そして社会も成長し、発展していく。誰かに想定された路線から外れると、それを緩やかに許容する社会の仕組みも設計せず、何かあれば、バラ撒いて、その場を抑えようとすれば、その後に残るのは、何かあれば、不満を抱き、文句を言い、要求する人の群れである。その陰で真面目な人は損をするのかもしれない。そこには変われない、停滞する国家の姿も見えてくる。

## 森林組合の補助金の不適切な受給

前著を2009年に出す前から「補助金は現場では使えない程、降ってくる」と言われていた。

というのも近年、新聞を通じて、全国各地の森林組合による補助金の不適切な受給が、次々に業界外にも伝えられているのだ。全国的に知られたのは、長野県の大北森林組合である。2007年度から2013年度に、総額約14億7000万円の補助金を不正受給していたという（日本経済新聞2015年11月24日付記事）。長野県の検証委員会は、それ以外の組合、法人、個人を調査し、個人や企業を含む14者、52件を不適正としたそうである（同新聞〔長野〕12月1日付記事）。この他、2015年から2018年の4年間で、長野県の佐久森林組合と松本広域森林組合、佐賀県の富士大和森林組合、武雄杵島森林組合、兵庫県の山東町森林組合、岐阜県の小坂町森林組合、岡山県の美作東備森林組合、宮崎県の耳川広域森林組合、長野県の上伊那森林組合で不正が報じられている。

面積の改ざんや重複申請、やっていない道の整備や、終わっていない間伐作業に対して、補助金を受け取るといったものである。

これまでの補助金で、森林組合は所有者から預かった山林に、木を植え、育て、山の中の道も整備してきたはずである。なぜいまさら、所有者の分からない山林や、所有境界が定かでない山林が社会問題になるほど、出てくるのだろう。近年も、境界確定作業に補助金が出ると、そのお金で分かりきった所から調べ始めるとも聞く。自分の業務を遂行するために、補助金の助けを得ているのか、それとも補助金を消化するために作業をこなしていたのか。

もちろん、降ってくる補助金に、自分がやるべきことを見失わず、地道にやってきた森林組合もある。自発的に所有者と所有境界を特定し、林道用の道を作り、基盤整備を続けてきた所もある。森林組合の不正で、一番心を痛めているのは、同じ「森林組合」と名のつく組織で働く彼らかもしれない。

## 森林環境税への違和感

補助金に続いて新税の話をしよう。2019年、ほとんどの国民が知らないうちに森林環境税なるものが創設された（同年3月に森林環境税及び森林環境譲与税に関する法律が成立し、森林環境税と森林環境譲与税が作られた）。この新しい国税は、使い方がハッキリしないまま、国民から徴収することだけが決まった。2024年度より、国民に対して住民税に1000円上乗せして徴収される。この税収は1年で620億円と言われる。そこから地方公共団体に「森林環境譲与税」が配分される。

しかし以前から、同様の名目の地方税も存在しているのだ。新しい国税と同じ「森林環境税」や「水と緑の森づくり税」「森林（もり）づくり県民税」などの名称で徴収されている。これらは早い地域では2003年から徴収されており、2018年現在、37府県1市に広がっている。つまり、かなりの国民が、2024年以降は国と地域から、同じような税を二重に徴収されることになる。

内閣府の会合で、税金の設計を担当している省庁から説明を聞いた。その時、筆者は次のような質問をした。

「木材生産額2000億円に対し、林道、造林の行政投資だけで3000億円。木材生産額より補助金の方が大きい。林業には林道、造林以外にもまだ補助金がある。また、その会合時の最新公表値であった2014年度には治山2000億円、砂防3500億円、河川1兆5600億円という行政投資が行われている。この現状において新たな国税、森林環境税（620億円）は、どういう意味を持つのか」

別のワーキング・グループでは、その場に居合わせた委員も、林業を「成長産業化」

すると言っているのに、国民から新たに税金を徴収するとは、一体何事か、と大反対していた。他の委員も、ことあるごとに苦言を呈した。

しかし、こうした声は無視される。ほぼ決まったこととしか聞かされないのだ。言えば、ただうるさがられるだけのこと。この有り様では、国民の声が政治に届くとは思えない。

最近、林業技術の展示会へ行った時「森林環境譲与税活用事例」というパンフレットが目に止まった。機材やシステムの宣伝で、実態は「森林環境譲与税」をターゲットにしたセールスである。新しい予算で買ってもらうためのPRだ。ある地方公共団体が、都市部の「森林環境譲与税」を目当てに、自分の村の木材を買ってもらおうと、宣伝に行った町では「森林環境譲与税」の使途は、外部のアドバイザーに外注しているから、セールスはそちらへ行って下さい、と言われたそうだ。

## 政策で成長産業化を謳いながら、公的管理下におく森林を広げる

森林環境譲与税の目的の一つは「公的管理下」に置く森林を増やすことである。これまでにも、私有人工林670万haの3分の1にあたる210万haを針広混交林に、つまり天然林化へ導き、「公的管理下」に置く方針で計画され始めたと書いた。いわば実質

的に生産活動を期待しない山林に戻します、という方向転換である。

新たに公的管理下に置く対象は、森林経営管理法（2019年4月1日施行）の中に、いつの間にか入っていた。この法律では、市町村の仲介で、森林の経営と管理を所有者から取り上げ、民間事業者に林業をさせることができるようになっている。これは行政にしかできない仕事であり、この部分は評価できる。森林所有者の中には、自分の森林に関心もなく、どこにあるかも知らず、森林を所有する権利を持ちながら責任を果たさない人がいる。

疑問を感じるのは、その先である。民間で経営や管理ができない森林が210万haあるとして、さらにそれを市町村自らが経営、管理をすることにしたのだ。

しかしなぜ公的管理下に置く面積が210万haも増えるのだろうか。2017年の骨太の方針（経済財政運営と改革の基本方針2017）には、「市町村が主体となって実施する森林整備等に必要な財源に充てるため、個人住民税均等割の枠組みの活用を含め都市・地方を通じて国民に等しく負担を求めることを基本とする森林環境税（仮称）の創設に向けて、地方公共団体の意見も踏まえながら……」とある。

要は公的管理に必要なコストは、国民に税金で負担してもらうと言っているのだ。

方で、林業の成長産業化を進めると大々的に宣言しているのに、言っている事と、やっている事が違わないだろうか。

政策で、林業を「成長産業化」させると謳いながら、その実態は、さらなる林業の国営（公営）化が進んでいるようにも見える。これまでの都道府県にさらに市町村も巻き込んで。内閣府の規制改革のワーキングでは我々委員も大反対した。しかし法律は施行された。

あらたに公的管理下に置く森林の面積210万haは、愛知県4つ分の広さ以上である。日本の山林は急峻で、局所的には公で守らねばならないエリアは存在している。しかしすでに国有林は770万haある。さらに「民有林」と区分される中にも、都道府県や市町村が所有する「公有林」が300万ha含まれている。国有林と公有林、そこに210万haをプラスすると、1280万ha。一方で私有林は1430万haから210万ha減るので、1220万haになる。公がテリトリーにする山林の面積が、私有林を上回ることになる。

ドイツ、オーストリアでも国家レベルでは枠組みを提示しているだけで、具体的に林業をどうするかに関わっているのは州（日本の都道府県にあたる）だ。そして州有林でさえも、林業自体は民間企業に任せている地域もある。現在の日本は海外の林業先進国とも逆行する。そもそもドイツでは面積比で国有林（連邦有林）4%、州有林29%に過ぎない。

また森林所有とその公益性の制度について言えば、外国籍の人や組織による林地の取得が広がっている問題がある。言うことを聞かせやすい所からではなく、行政にしかできないことから、それも緊急を要する問題の解決を、前面に出してもらった方が、国民は安心し、信頼するのではなかろうか。

## 市町村と林地台帳の登場

これまでの補助金の受け皿は「都道府県」で、各地域の林政も、都道府県が担ってきた。都道府県には、森林の住民台帳とも言うべき「森林簿」がある。しかし今度は新しい制度により「市町村」に「林地台帳」なるものが整備されることになった。先の「森林環境譲与税」の受け皿は、基本的に市町村にされている。しかも、山林もほぼなく、林業従事者も殆どいない地域にも、森林環境譲与税で、数千万円、数億円のお金が落ちるという。

しかしどれだけの市町村に、林業の担当者や担当課が存在するのか、この仕事が分かる人、できる人がいるのだろうか。市町村によっては、担当者や担当課を、他からひねり出すか、外部に助けを求めなければならない所もある。

都道府県が整備している森林簿には、所有者の名前、林のグループ名、そして木の種類や年齢（林業では「齢級《れいきゅう》」や「林齢」と言う表現を使う）、面積、木の量（林業では「材積」と言い、平たく言うと木の体積）などが掲載されている。都道府県の「森林簿」は「地域森林計画（と国有林の森林計画）の対象となる森林」、新しく作成される市町村の「林地台帳」は「地域森林計画の対象となる民有林」を対象としている。つまり林地台帳の対象は、森林の中でも、民有林に限られている。しかし、言うまでもなく前者は後者を含む。なぜ都道府県と森林簿が既に存在するのに、さらにまた市町村と林地台帳が登場するのであろうか。

これまで都道府県にあった森林簿を活かさず、市町村や林地台帳が登場することについて、公の場で担当省庁に尋ねたことがある。回答は「これまでの都道府県ベースでは、うまくいかなかったから」。市町村や都道府県は、中央政府からどのように扱われているのだろうか。なぜ都道府県でうまくいかなかったことが、ノウハウも人材も覚束ない市町村でうまくいくと考えるのだろう。都道府県によっては、林業が重要な産業であったため、人員が多く、近年の林業停滞で本当は人が余っていると言う所もある。しかし、今の役所の仕組みでは、予算減額につながるような事実は、伝わるはずがない。

補助金も森林環境譲与税も、元は国民の払ったお金である。さらに各家庭から、再エネ賦課金も徴収され始めている。仮に一般家庭の１ヶ月の消費電力量を４００kWhと試算すると、各家庭が支払っている再エネ賦課金は１年で約１万６０００円となる。これを原資にもっと高く売れるはずの木が、バイオマスプラントへ向かっている。成長産業化するはずの林業にからみ、国民の負担は増え続ける。

## 一度破綻した国有林事業

加えて国有林事業にも問題がある。

国有林に関しては、国有林野事業特別会計があった。国有林野事業は、企業的に運営できて、立木をはじめとした林産物から収入が得られるという考えからだ。国有林でも、一般会計から費用を出せることがあり、木が売れると、そのお金は特別会計に入ることがあったそうだ。このようなことをしても国有林事業は借金が増え続け、再生しなかった。特別会計の累積債務は1998年に3兆8000億円に達した。このうち2兆8000億円を一般会計に帰属させ（つまり一般会計に返してもらい）、残る1兆円を国有林の特別会計で2048年までに返済することになっている。つまり国有林の独立採算制度は、一度、破綻したのだ。2012年から国有林野事業債務管理特別会計という名称に変わっている。

2013年からは一般会計化されている。現在、国有林の仕事を請け負っている方から聞いたところ、そこでは国有林の森林整備の名目で、立木の収穫作業を、立木1㎥あたり2万円で請ける。その丸太は1㎥あたり、約1万円で売られるそうだ。その差額1万円は何で補塡しているのだろうか。また国有林の作業を請け負う事業者は、ほぼ決まっている。ある事業者は、伐ればいいだけで、売る心配はないとも言った。近年、差が縮まりつつあるとはいえ、民有林を対象にする民間事業者ほどの苦しさは感じられない。

そもそも国有林は険しい山奥に位置する山林が多いため、林業の条件は厳しい。国有林における生産活動と自然保全のバランスをどう取るか、制度設計は難しい。

仮にシビアにコストを見なくてもいい木材が、国有林から大量に出回ると、木材価格はどうなるだろう。補助金の誘導で、全国から一斉に同じような木材が市場に出された時と似た現象が想像できる。かたや補助金にも頼らず、通常の産業活動に等しく、自社で生産費を賄い、私有林において木材生産をし、販売している事業者もいる。彼らが競争力を持ち続けることができるだろうか。産業自体も健全性を保つことができるだろうか。

これから、国は国有林に民間の力を入れるという。国有林周辺の私有林で林業を営む人達がいる。彼らは国有林から大量の木が伐り出されているのを、見ている。土地の山林に、民間の力を入れる限り、彼らの意見も聞き、協議し、その知恵も借りるべきだ。

**我が国に最後に残った巨大な国営企業**

日本林業は、我が国に最後に残った巨大な国営企業だと思うことがある。国有林の仕事を請け負っている事業者は、「行政には本当の事は言えない」と、もらしていた。確かに民有林でも「補助金は使えない程、降ってくる」が実感でも、この「本当の事」を行政に言う人はいないだろう。逆に担当省庁は、「現場からはお金がないと言われている」と主張する。しかし現場の正確な実態が、肝心な人達に伝わっているとは思えない。補助金の授受で序列ができている限り、真実は伝わらないだろう。

補助金を始め、これだけの公的資金を出し続けることが、いつまでできるのだろうか。我々の世代は、これ以上の借金を次の世代に残すことが許されるのか。

我が国には大量の資源があり、それを販売してお金を得ることもできる。この資源とどう付き合うか。単に保護すればいいという話ではない。林業が重要産業となっている先進国では、森林の公益的価値を担保するのは、当たり前のことである。

現在の日本林業では、時間や空間をつなげていくと政策の辻褄が合っておらず、そのため生じる矛盾が、現場や国民一人一人に回ってくる。海外や他産業との交渉、折衝、調整、そして省庁間の壁による弊害や個々政策を繋げた時に生じる矛盾、それによる非効率などの解消、これを関係者の協力を請い、解決へと繋ぐことは、現場にはできず、行政にしかできない。

逆に行政側のデスクワーカーに山中にどれぐらいの幅の道を、どうつけるか、どのような木を、どう伐り出すかなど、適切な指示を期待できるものではない。

国有林で4兆円に迫る赤字を計上している事業体（行政）よりも、このご時世に、一切、補助金をもらわず、林業を営んでいる民間の方が、林業のノウハウを持っている。官と民の役割や仕事を見直すべきだろう。

## 本質的な改革と成長は、おのれの意欲と意志で動き出すことから

この状況下でも自力で生き残って来た製材所や林産企業（林業の会社）が存在している。その中には補助金を一切もらわない事業体も存在している。こうした自立した民間企業には三つの共通点がある。

一つ目は山側の供給と、町側の需要の両方を見ることができ、さらに、そのバランスを取ることができる点である。他産業では当たり前のような気もする。彼らは山の木の価値を、誰にどう売ると最大限に生かせるかを知り、生産している。

二つ目には、彼らには「信念」というべき「考え」がある。そこには補助金で萎えていない意志がある。その時々の政策の影響をかわしながら、彼らは信念を曲げない。

そして最後の三つ目は、彼らは山林と裾野に広がる地域社会を守っている人達である。彼らこそが、今の日本林業には必要である。

しかし往々にして補助金などで想定された路線から外れているため、結果的に不利益を被る。行政の意向から外れた個性や創意に富む事業体は、結果的に補助や優遇の対象から外れ、不利になるのだ。競争力の源泉である資源の個性や、人々の創意を、平らに

押し均《なら》せば、現場からイノベーションの芽が摘まれる。日本林業では競争力が消失していくことが繰り返されてきた。補助金がなければ、林業が成立しなくなったのは、当然の帰結なのかもしれない。

彼らが現場で不都合に感じていること、現場が前に進むことを阻む支障、理不尽さを丁寧に取り除いていく作業が必要だ。現場の都合から制度を設計し直す。発想を変えればドラスティックに変革を遂げる可能性がある。

産業の本質的な改革と成長は、おのれの意欲と意志で動き出すことから発揮される。たとえ時間がかかっても、その環境を再生させることだ。

山も木も自然であり、現場に二つとして同じものはない、現場のことは、そこにいる人以上に分かる者はいない。どれだけお金を配っても、どう指導しても、どう監視しても、結局、現場は彼ら次第である。

# おわりに

現場で調査していた時「研究者がサボっている！」とお叱りを受けたことがある。筆者の専門外の問題でも、現場の人から見れば、同じ「研究者」だ。行政の縦割り同様、現場の人にとってその区分に意味はない。現実の世界は、壁で仕切ることはできない。たとえば山林で食害を広げる「鹿」を捕らえる事業一つとっても、行政側には、農林水産省、林野庁、環境省の違いがある。しかし鹿は、自分がどの省庁の予算で撃たれたかは知らない。猟師も、何省の補助金だろうと鹿の撃ち方に変わりはない。

研究者も行政官も、みずから現場へ行き、現場の一人として現実を捉えなければ、その発想は机上の空論である。

自然を相手にする山林や木材、そして木造の制度、政策は、人としての理性や常識が問われる。自然が教えてくれる、その答えは必ずあるはずである。

霞が関から話を聞きたいと呼ばれた時のこと。小さな会議室へ雑談をしに行った。そこでＪＡＳ制度の話をしていた時に、若手の官僚が、中小の製材所がＪＡＳの認定を取得し、保持しやすくするために、林業の補助金を回してはどうか、そういう風にお金の使い方を変えてはどうかと発言していた。従来からすると、これは非常に前向きな発想である。それまでの紆余曲折や利害に囚われない人程、問題の本質が良く見えるのかもしれない。

森と木をめぐる問題は日本社会の欠点を映し出す鏡だ。相手は自然である。人の思い通りには、到底ならない自然だからこそ、我々の「大失敗」を分かり易く教えてくれる。本書で触れた疑問のほとんどは、自然現象や社会現象でもなく、人が作った社会の仕組みの問題である。それも外国から押しつけられたものでもない。我々日本人が作ったものなのだから、問題は解いていくことができるはずだ。全国各地の資源と産業、文化、そして地域社会の問題に直結している。このままにしていい訳がない。

そろそろ変わり始めるかもしれない。そんな希望を記して筆を擱く。

## 謝辞

もう何年前になるでしょうか。つくば市、松の里にある森林総研を後にしたのは、20時をとうに過ぎていました。帰りのバスを待ちながら、「夜はこんなに暗いのか」と思ったことを、今でもはっきり覚えています。その日、終わらない私の質問に、一つ一つ答えて下さっていたのは、今冨裕樹先生（東京農業大学教授、これまで森林利用学会会長や森林総合研究所四国支所長、同研究所の林業工学研究領域長などを歴任）です。日本林業の死傷事故の多さを語る先生の表情から、これ以上、人を死なせたり、怪我をさせたりしてはいけないと痛切に感じていらっしゃる気持ちが伝わってきました。まさか、私が立木を安全に伐り倒す林業機械を学生と共に開発し始めるとは、先生は夢にも考えていらっしゃらなかったと思います。

オーストリアを研究すると良い、と教えて下さったのも先生でした。ドイツ留学時代から何かとご縁のあったオーストリア。林業では２００６年に調査して以来、よく足を運ぶようになりました。まず学会で調査結果を報告し、その後、２００９年に出版した本でも紹介しました。

今冨先生をはじめ、森林利用学会の研究者にも、お世話になり、多くのことを教えていただいています。仁者楽山《じんしゃらくざん》という言葉があります。仁のある人は、落ちついていて、穏やかで、それを象徴するかのような山を好むという意味です。山を好む方々から学ぶことは多いです、ここでお礼を申し上げます。

本書の読者は、私がどれだけの方にお会いし、一緒に現場を歩き、お話を伺ってきたか、ご想像して頂けると思います。しかし、私に苦境を吐露された方々のお名前をここで書くわけに参りません。本文の全責任は私にあります。名前をあげることができない方々に、ここで心からお礼の気持ちを伝えたいです。真にありがとうございます。

現場で現実に直面している方々のやるせなさ、憤り、苦渋を最小限にして、どう読者にお伝えするか、書いている最中《さなか》は、眠れぬ日々でした。人というのは、他人には思いも寄らぬ苦戦を強いられているものです。私もその例に、もれません。しかし厳しい時にこそ、前へ進む力を得るチャンスです。この本もそんな、いつもの思いが入り交じります。現場で持ちこたえて下さっている方々を思い、何事も良くなる方向へと進んでいくよう、願いを込めました。

私は工学の研究者です。工学の研究者は、往々にして、新書を書こうとか、そういう気持ちには、あまりならないものです。工学は、自分で何か考えや形を創り出し、自分で問題を解いていきます。そして自分で学び、自分に問い、自分で考え抜くストイックさを好みます。前書『森林の崩壊』の出版も、私にも思いがけない出来事でした。出版当時、私は日本学術振興会の特別研究員という立場におり、研究を職業にして初めて、研究を自分の意志で自由にして良いという身分を獲得したのでした。周りからは書くことも勧められており、ようやく、その時間を手にしたのです。偶然が重なりました。

私は新潮社の国際情報誌「Foresight（フォーサイト）」の一読者で、ある記事に対して、研究者としてコメントすべきと思い、編集部に何枚か書いて送りました。当時、編集長だった堤様が、それをご覧になり、いきなり新書編集部にお渡しになったのです。その一年後、新書として、世に出ます。『森林の崩壊』が、世に出たのは、堤編集長のお陰です。

前書に続き、本書も新潮新書編集部の方々、校閲者の方々に丁寧に読んで直していただきました。新潮社の皆様にお礼を申し上げます、ありがとうございます。

たくさんの方々に応援してもらい、そして協力していただき、ここまで来ました。ここで実名をあげることができない方々に、心からお礼を申し上げます。ありがとうございます。

そして、最初の読者になってくれるのは、いつも家族です。むしろ私の仕事に、また巻き込まれたという表現の方が適切かもしれません。今回も最初の校閲という役は、母に回されました。家族の支えがなければ、この本も書き上げることはできませんでした。感謝しています。

白井裕子

白井裕子　慶應義塾大学准教授。
早稲田大学理工学部建築学科卒。
稲門建築会賞受賞。株式会社野村
総合研究所研究員、早稲田大学理
工学術院客員教授などをつとめる。
工学博士。一級建築士。

Ⓢ新潮新書

909

森林《しんりん》で日本《にほん》は蘇《よみがえ》る
林業《りんぎょう》の瓦解《がかい》を食《く》い止《と》めよ

著　者　白井裕子《しらいゆうこ》

2021年6月20日　発行

発行者　佐　藤　隆　信

発行所　株式会社 新潮社

〒162-8711　東京都新宿区矢来町71番地
編集部(03)3266-5430　読者係(03)3266-5111
https://www.shinchosha.co.jp

装幀　新潮社装幀室

図表作成　ブリュッケ

印刷所　株式会社光邦

製本所　加藤製本株式会社


ISBN978-4-10-610909-6 C0261

価格はカバーに表示してあります。